Business-Knigge für deutsche Manager in China

Verhaltensweisen verstehen,
Alltagssituationen meistern,
Zusammenarbeit erfolgreich gestalten

von

Dr. Jens Bölscher

Bibliografische Information der Deutschen Nationalbibliothek
Die Deutsche Nationalbibliothek verzeichnet diese Publikation in der Deutschen Nationalbibliografie; detaillierte bibliografische Daten sind im Internet über http://dnb.d-nb.de abrufbar

Bölscher, Jens, Dr.:
Business-Knigge für deutsche Manager in China – Verhaltensweisen verstehen, Alltagssituationen meistern, Zusammenarbeit erfolgreich gestalten
1. Auflage - Norderstedt: Books on Demand, 2008
ISBN-13: 978-3-83-706274-8

Herstellung und Verlag: Books on Demand GmbH, Norderstedt

1. Auflage, 2008

ISBN-13: 978-3-83-706274-8

Inhaltsverzeichnis

Tabellenverzeichnis

1 Einleitung

China ist einer der wichtigsten Wachstumsmärkte der Welt und viele Unternehmen aus Deutschland, aus Österreich oder der Schweiz wollen heute Geschäftsbeziehungen mit China aufbauen. Wer jedoch als deutschsprachige Führungskraft mit Chinesen zusammen arbeiten oder dort Geschäfte machen will, wird schnell feststellen, dass dabei andere Gesetze gelten. Geschäftlichen Erfolg wird in diesem Land nur derjenige haben, der sich intensiv mit der chinesischen Geschäftskultur beschäftigt. Die chinesischen Gepflogenheiten unterscheiden sich so grundlegend von den westlichen Gewohnheiten, dass ein europäischer Geschäftsmann unweigerlich von einem ins andere Fettnäpfchen treten muss - wenn er sich nicht eingehend vorbereitet hat.

Das vor Ihnen liegende Buch wird Ihnen Gelegenheit geben, sich sachgerecht und gezielt auf Ihren Chinaaufenthalt vorzubereiten. Da Sie vermutlich nicht viel freie Zeit haben, wird Sie das Werk pointiert über Verhaltenweisen und Mentalität ihrer chinesischen Geschäftspartner und Mitarbeiter informieren. Darüber hinaus wird es Ihnen konkrete Handlungsempfehlungen für typische Alltagssituationen im Geschäftsleben geben und Hinweise für eine erfolgreiche Gestaltung der Zusammenarbeit mit Chinesen bieten.

2 Chinesische Verhaltensweisen und Mentalität

Deutsche und chinesische Verhaltensweisen unterscheiden sich grundlegend voneinander. Vor einem Chinaaufenthalt und erst recht vor einem geschäftlichen Aufenthalt dort sollte man sich ausführlich mit diesen Verschiedenheiten beschäftigen, denn nur dann kann man die Chinesen wirklich verstehen und Fettnäpfchen vermeiden. Ein Beispiel soll diese Unterschiede verdeutlichen.

Zwei deutsche Geschäftsleute klagten mir letztens nach einem Workshop ihr Leid: „Wir hatten mit einem Chinesen ein Geschäft per E-Mail und am Telefon abgesprochen. Aus unserer Sicht waren alle Vereinbarungen getroffen und es herrschte Einigkeit. Zum endgültigen Vertragsabschluss flogen wir dann nach China, um dann festzustellen, dass der Mann das Geschäft gar nicht abschließen wollte.“

Dieses klassische Beispiel für kulturelle Unterschiede auch im Geschäftsgebaren zeigt, dass die Abwicklung von Geschäften in China ganz anderen Gepflogenheiten als in Deutschland folgt. Viele deutsche Geschäftsleute müssen dies erst schmerzlich lernen. Das vorliegende Buch wird sie in die Lage versetzen, Ihr chinesisches Gegenüber zu verstehen und erfolgreich mit ihm zu arbeiten.

Die Unterschiede sind vielschichtig, trotzdem sollen hier einleitend die bedeutendendsten Unterschiede zwischen der deutschen und chinesischen Mentalität in Form einer Tabelle dargestellt werden (Tabelle 1).

Tabelle 1: Mentalitätsunterschiede

Deutsche	***Chinesen***
• **stellen das Individuum in den Vordergrund;** • **kommunizieren direkt;** • **kommunizieren und denken eher sachbezogen.**	• stellen die Gruppe in den Vordergrund; • kommunizieren indirekt; • kommunizieren und denken eher personenbezogen.

(Quelle: Eigene Darstellung)

Das Verhalten und Benehmen im durch konfuzianische und daoistische Werte geprägten China ist grundsätzlich auf Menschlichkeit, Harmonie und Ausgleich ausgelegt.[1] Diese Neigung der chinesischen Kultur zur Harmonie stammt noch aus der Zeit der chinesischen Dynastien, kann aber auch in vielen anderen buddhistischen traditionellen Gesellschaften beobachtet werden.

Das trifft ebenso zu auf das ausgeprägte chinesische Verhalten, unbedingt das Gesicht zu wahren. Dieses Verhalten ist im Westen zwar durchaus auch bedeutsam, ein Chinese legt allerdings wesentlich mehr Wert auf diese Verhaltensweise. Selbst ein angedeuteter Gesichtsverlust sollte unter allen Umständen vermieden werden.

Insbesondere bezüglich der chinesischen Umgangsformen herrscht bei westlichen Geschäftsleuten oft große Unsicherheit. Hat doch China

---

[1] Weitere Informationen zur chinesischen Philosophie beinhaltet Anhang 3.

nicht nur eine sehr alte Kultur, die sich über viele tausend Jahre entwickelt hat. Auch der rasante gesellschaftliche Wandel der letzten 25 Jahre hat bei den Umgangsformen in China für große Veränderungen gesorgt: In Stadt und Land unterscheiden sich die Werte und Normen zu Umgangsformen daher oft sehr stark.

Manche dieser chinesischen Verhaltensweisen mögen von einem Menschen aus dem westlichen Kulturkreis als unhöflich oder abstoßend empfunden werden. Viele Chinesen haben beispielsweise die Angewohnheit, bei allen Gelegenheiten rücksichtslos zu Drängeln. Sie werden es an der Bushaltestelle, im Restaurant oder am Eingang zum Kino erleben. Oft gipfelt das Drängeln in fast rücksichtslosem Verhalten gegenüber anderen Menschen. Arrangieren Sie sich damit im Alltag, schließen Sie daraus aber nicht, dass so ein Verhalten bei geschäftlichen Terminen tolerabel ist.

Auch lautes Geschrei ist in China an der Tagesordnung, sogar in Restaurants. Viele Chinesen haben weiterhin die Angewohnheit, einfach auf den Boden zu spucken, wo auch immer sie sich gerade aufhalten. Dieses Benehmen ist aus der Mao-Zeit übrig geblieben, denn damals galt es als opportun, sich möglichst bäuerlich zu benehmen.

Oft werden Sie in China eine Fülle weiterer Dinge sehen oder erleben, die sie als merkwürdig empfinden werden. So ist es in China ist durchaus üblich, dass heterosexuelle Männer Hand in Hand durch die Straßen laufen oder sich sitzend an der Hand halten. In China ist dies jedoch kein Zeichen für ein schwules Paar, sondern es drückt einfach besonders gute Freundschaft zwischen den beiden Männern aus.

Auch eine besondere Bevorzugung von Frauen ist den Menschen in China eher fremd. Die Regel „Ladies First“ gilt in China nicht und wer einer chinesischen Frau die Tür aufhält oder ihr den Vortritt lässt, wird einen eher überraschten Blick erleben.[2]

Berücksichtigen Sie bitte, dass manche für uns ungewohnte oder sogar nicht akzeptable Umgangsformen für Chinesen völlig normal, höflich und korrekt sind. Vergessen Sie auch nicht, dass umgekehrt viele in unseren Augen normale westliche Verhaltensnormen in den Augen von Chinesen unhöflich und rüpelhaft sind.

Rechnen Sie bei jedem Meeting aber auch mit einer Überraschung. Möglicherweise hat auch Ihr chinesischer Geschäftspartner ein interkulturelles Training gemacht hat. Wundern Sie sich also nicht, wenn er Ihnen plötzlich mit einem dröhnenden „Hi, how are you!“ kräftig auf die Schulter klopft!

---

[2] Deutsche Männer entsprechen in vielen Fällen dem Schönheitsideal chinesischer Frauen. Sie sollten sich daher chinesischen Frauen gegenüber eher reserviert geben, ein Aufenthalt in China kann sonst schnell zur Zerreißprobe für Ihre Partnerschaft bzw. Ehe werden.

2.1 Beziehungsnetze und Gemeinschaftsorientierung

Der Aufbau von Beziehungen und Beziehungsnetzen spielt im Leben der Chinesen eine überragende Rolle. Dem Aufbau von Beziehungen und Kontakten - kurz oft Guanxi[3] genannt - wird viel Zeit und Energie gewidmet. Chinesen selbst knüpfen Guanxi bereits in ihrer Kindheit oder beim Studium.

Für deutsche Geschäftsleute gilt in China, dass vor dem Vertragsabschluss der Beziehungsaufbau stehen muss. Als Geschäftsmann werden sie sich das Vertrauen Ihrer Geschäftspartner erst Stück für Stück hart erarbeiten müssen.

Die beiderseitige Pflege dieser Beziehungen und Kontakte erfolgt durch das Anbieten von Unterstützung und das Einhalten von Verpflichtungen. Guanxi hat also den Charakter eines gegenseitigen Austauschs und soll durch gegenseitige Bereicherung und Ergänzung zu Harmonie führen.

Dabei setzt sich Guanxi aus zwei Komponenten zusammen:

- die **emotionale Komponente** besteht darin, Wertschätzung, Respekt, Wohlwollen, Verlässlichkeit und Vertrauen zum Ausdruck zu bringen;
- die **materielle Komponente** liegt darin, dass Gefälligkeiten immer zu Gegenleistungen verpflichten.

---

[3] Korrekt wäre eigentlich die Bezeichnung Guanxixue.

Wichtig ist für eine dauerhaft funktionierende Beziehung die Balance in der Bedeutung der beiden Partner. Beide sollen also auf der gleichen Hierarchiestufe stehen, so dass die gegenseitige Leistungsfähigkeit gegeben ist. Gern gesehene Eigenschaften bei einem Partner sind:

- Geduld,
- Bescheidenheit,
- Ausdauer,
- Beharrlichkeit,
- Beständigkeit,
- Durchhaltevermögen,
- Selbstbeherrschung.

Beachten Sie diesen Fokus auf Beziehungen jederzeit und überall, sonst können Ihre Geschäfte schnell Schiffbruch erleiden. Bloße Auftragsabwicklung wird in China für den Geschäftserfolg nicht hinreichen. Ihre chinesischen Partner möchten stets auch herausfinden, wie Sie persönlich zum Geschäftseintritt in China stehen und was Sie damit verbinden. Unternehmer mit einer wirklich positiven Grundeinstellung werden die Tür nach China weit geöffnet bekommen, wenn aber ihre Geschäftspartner den Eindruck bekommen, dass sie nur ein Geschäft abwickeln, dann werden sie keinen Erfolg haben. Erwecken Sie nie den Anschein, Sie würden die chinesische Kultur ablehnen oder nur wegen der niedrigen Lohnkosten im Land investieren. Wägen Sie jedes Wort genau ab. Persönliche Beziehungen sind für einen Chinesen i.d.R. auch durch Geld oder Sachargumente nicht zu ersetzen.

2.2 Harmoniestreben, Indirektheit und Emotionalität

Das chinesische Harmoniestreben führt oft zu Missverständnissen zwischen Deutschen und Chinesen. Auch die chinesische Indirektheit und die starke Emotionalität[4] der Chinesen lösen oft Spannungen in Geschäftsbeziehungen aus. Diese drei Aspekte sind in hohem Maße interdependent und so werden sie an dieser Stelle gemeinsam behandelt.

Chinesen wirken in unseren deutschen Augen scheu, zurückhaltend, bescheiden, reserviert und introvertiert. Sie reagieren weniger aggressiv, verlieren die Höflichkeit auch in Stresssituationen nicht und zeigen sich höflich im privaten wie im dienstlichen Leben. Auch Vorgesetzte geben ihre Order höflich.[5]

Sie müssen allerdings damit leben, dass es in China länger dauern wird, bis sich Mitarbeiter wirklich öffnen. Eine ehrliche Meinung von einem Chinesen zu erhalten ist fast eine Unmöglichkeit. Auch werden sich chinesische Mitarbeiter i.d.R. nie offen konfrontativ verhalten und nicht für ihre Interessen kämpfen. In Konfliktsituationen sind sie eher geneigt, im Interesse der Harmonie alle Widersprüche unter den Teppich zu kehren. Während mancher Deutsche mit diesem Verhalten nur schwer umgehen kann, sind umgekehrt die Chinesen oft schockiert

---

[4] Diese Emotionalität äußert sich in einer in den Augen vieler Europäer mangelnden Sachbezogenheit. Chinesen verlassen schnell die Sachebene und nehmen vieles Persönlich.

[5] Ausnahmen finden sich insbesondere in der Bürokratie.

über die Schärfe, mit der Deutsche Ihre Auseinandersetzungen austragen.

Fehlende **Höflichkeit** kann Ihre Geschäftsbeziehungen in China dauerhaft und irreparabel schädigen. Laute Sprache oder dominante Gesten können die Arbeit von Jahren innerhalb weniger Sekunden zerstören. Es ist daher von großer Bedeutung, dass Sie in China immer und unter allen Umständen die Beherrschung bewahren, denn sonst werden Sie in China dauerhaft jeglichen Respekt verlieren.

Die chinesische Höflichkeit definiert sich in China insbesondere durch folgende Signale:

- Treten Sie bescheiden auf. Aus Bescheidenheit und Zurückhaltung werden in China oft eigene Fähigkeiten und/oder Leistungen heruntergespielt, eine Tendenz zum Understatement. Komplimente werden angetan mit „*nali, nali*" (ach wo) oder „*hai cha de yuan*" (noch weit entfernt).
- Zeigen Sie immer ein lächelndes Gesicht;
- Großzügigkeit ist wichtig. Getrennte Rechnungen im Lokal sollte man vermeiden. Es ist in China durchaus üblich, das jeder Gast die Bezahlung der gesamten Rechnung für sich beansprucht. Im übertragenen Sinn kämpft man regelrecht um die Rechnung.
- Zeigen Sie Älteren gegenüber immer Respekt;
- Lehnen Sie Geschenke und Einladungen zunächst ein- oder zweimal dezent ab, um nicht als gierig oder unverschämt zu gelten. Selbst eine herzliche Einladung muss in China noch lange

nicht bedeuten, dass man wirklich willens ist, Sie als Gast aufzunehmen.

- Umgekehrt lehnen Chinesen oft auch aus purer Höflichkeit Hilfe ab, obwohl sie diese dringend brauchen würden. Bieten Sie Hilfe also ruhig ein zweites Mal an.
- Wenn sie einen Chinesen in Deutschland als Gast erwarten, so sollten Sie berücksichtigen, dass dieser in der Regel erwartet, dass er am Ort der Ankunft (Flughafen, Bahnhof etc.) abgeholt wird. Auch bei einer Verabschiedung begleitet der Gastgeber selbstverständlich seine Gäste wieder bis dorthin und wartet, bis seine Gäste abgefahren sind.
- Bitten und Erwartungen werden in China oft nur indirekt und beiläufig geäußert. Charakteristisch für die indirekte und höfliche Ausdrucksweise ist, dass die Chinesen immer nur auf sprachlichen Umwegen ihr eigentliches Anliegen ansprechen.
- Die deutsche Regel *Ladies First* kennen chinesische Männer in der Regel nicht. In China gilt *Hierarchie First*.

Bleiben Sie also immer höflich und berücksichtigen bei allem die Neigung der chinesischen Kultur zur Harmonie. Es ist von großer Relevanz, dass Ihr chinesisches Gegenüber immer und unter allen Umständen sein Gesicht bewahren kann.

Die **Indirektheit** der Chinesen wird von Deutschen oft missverstanden. Ein Chinese spricht keine direkte und offene Kritik aus, wie dies Menschen aus dem westlichen Kulturkreis oft tun. In China gilt es auch als wenig höflich, wenn man sofort zum Kern eines Themas kommt. Dies hat seinen Grund darin, dass in der Kommunikation mit Chinesen die Beziehungsebene oft wichtiger als die Sachebene ist, insbesondere in der Phase des Kennenlernens. Ein gutes persönliches Gespräch schafft Vertrauen, verbessert die Beziehung und erwirkt bei Chinesen manches, was sonst nicht erreichbar wäre.

Daraus resultiert aber auch ein gänzlich anderer Kommunikationsstil. In China wird indirekt kommuniziert, d.h. ein Chinese drückt seine Meinung mit impliziter Kommunikation und in Form von Hinweisen, Symbolen, Handlungen, usw. aus. Einen direkten Hinweis erhalten Sie von einem Chinesen nur selten. So werden Sie in China nur selten von einem Mitarbeiter ein klares „Nein" hören. Sie müssen in China immer auch zwischen den Zeilen lesen. Statt einer klaren Absage werden Sie in China oft Antworten wie „Das könnte problematisch sein", „Ich überlege mir es noch mal", „Das ist hart", „Wir gehen der Sache noch gründlich nach" oder ähnliche Floskeln hören. In den Augen und Ohren eines Chinesen bedeutet das „Nein"!

Auch ein „Ja" kann unter Umständen „Nein" heißen, denn ein Chinese wird immer und überall Rücksicht auf das Gesicht der anderen nehmen. In China nennt man das Gesicht geben (*Gei Mianzi).* Auch Sie sollten daher bei Verhandlungen möglichst schonend und indirekt vorgehen!

Diese Indirektheit hat in China dabei die nachstehenden **Ziele**:

- Hierarchien sollen eingehalten werden;
- Konflikte und Streit sollen vermieden werden;

- Andere sollen nicht verletzt werden;
- Der Ausdruck von Unsicherheit und Nicht-Kooperativität soll nicht entstehen;
- Negative Beurteilungen sollen vermieden werden;
- Die persönliche und menschliche Atmosphäre in Diskussionen soll gewahrt bleiben.

Wesentlich ist die Indirektheit aus dem starken **Harmonie**bedürfnis der Chinesen motiviert. Direkter Widerspruch ist einem Chinesen nicht möglich. Wenn er zu einer Frage schweigt oder seine Meinung nicht zum Ausdruck bringt, so können Sie dies als Widerspruch auffassen. Insistierendes Nachfragen wird Sie nicht weiter bringen und kann nur die Gesprächsatmosphäre zerstören.

Charakteristisch für die indirekte Kommunikation im geschäftlichen Alltag sind die folgenden Aspekte:

- Es werden Gespräche über unverfängliche Themen wie das Wetter, Ferien, Familie etc. bevorzugt, bevor man sich dem eigentlichen Thema zuwendet.
- Symbole, Handlungen, Gesten usw. sind wesentliche Bestandteile der indirekten Kommunikation.
- Will ein Chinese ein Problem lösen oder eine Bitte an jemanden herantragen, so wird er zuerst um den heißen Brei herum reden. Das zunächst irrelevant erscheinende Gespräch dient der Annäherung. Erst wenn man ein positives Zeichen des Gegenübers erhält, dann kann man auf den Punkt kommen.

- Auftauchende Probleme werden von Mitarbeitern dem Chef gegenüber nicht thematisiert, sondern sie werden zu lösen versucht oder die Arbeit kommt zum Stillstand. Nach unten kann die Kommunikation sehr wohl explizit und direkt sein. Es besteht grundsätzlich eine Holschuld seitens des Chefs. Als Managementstil kann es sich in China bewähren, bei Anweisungen direkt zu sein[6], bei Konflikten jedoch indirekt vorzugehen und freundliche Offenheit zu zeigen.
- Ihre Mitarbeiter werden eigene Anliegen nie direkt, sondern nur vorsichtig äußern. Müssen Sie eine Bitte ablehnen, so empfiehlt sich auch hier eine indirekte Vorgehensweise, z.B. „Wir werden uns auf Führungsebene Gedanken machen..."
- Diskussionen werden häufig bewusst in die Länge gezogen oder vertagt. So verlieren Opponenten nicht durch einen offenen Streit das Gesicht.
- Bekommt man Informationen, so sollte man immer auch noch an anderen relevanten Stellen nachfragen, um so die erhaltenen Botschaften richtig interpretieren zu können.
- Wiederholungen, Reviews und Follow-Ups sind besonders wichtig. Redundanz bedeutet bei Chinesen immer Wichtigkeit. Wird ein Problem nicht mehr erwähnt, so hat es sich in den Augen der Chinesen erledigt.
- Informelle Informationssysteme sind in China daher auch besonders wichtig. Ad-hoc-Meetings und Minimeetings erweisen sich oft als sehr effektiv.

---

[6] Viele erfolgreiche Führungskräfte in China zeigen bei Anweisungen Distanz und Härte.

- Führungskräfte müssen jederzeit zugänglich für Klagen und Probleme sein. Nur durch einen engen Kontakt erhalten Ihre chinesischen Mitarbeiter Interpretationssicherheit.

In China werden Sie mit expliziter Kommunikation nicht vorankommen. Sie können in China nicht einfach das sagen, was Sie meinen, und das meinen, was Sie sagen. Sonst stehen Sie in den Augen der Chinesen wie ein Rüpel da und Ihre Geschäfte werden Schiffbruch erleiden.

Einige Vorschläge zum Vorgehen bei der indirekten Kommunikation sind nachfolgend zusammengefasst:

- Versetzen Sie sich in die Lage des Gegenübers. Sprechen Sie in seinem Sinn. Leiten Sie Ihre Rede mit positiven Ausführungen ein und lassen Sie sie auch positiv ausklingen.[7]
- Erklären Sie zu Beginn der Besprechung Ihren Status und Ihre Rolle. Stellen Sie sich vor!
- Sprechen Sie alles an, nur eben den kritischen Punkt nicht, bzw. formulieren Sie diesen Punkt auffallend vage. Dadurch tritt der Aspekt in den Augen der Chinesen spürbar hervor. Auch Schweigen zu einer Frage, auf die der andere eine Stellungnahme erwartet, deutet auf ein Problem oder das Nicht-Einverständnis hin. Diese Form der zirkulären Annäherung werden Sie in China oft erleben und es mag Sie in mancher Besprechung schier zur Verzweiflung treiben, weil dieses Vorgehen viel

---

[7] Positiv ist dabei alles, was das Prestige des Angesprochenen steigert, z.B. Lob, Dank, Komplimente, um Rat fragen, um Hilfe bitten etc.

Zeit kostet. Man nähert sich vom Generellen dem Speziellen und redet schier um den heißen Brei herum.

- Sie können den kritischen Punkt andeuten, indem Sie eine dazu passende Geschichte mit einem negativen Erlebnis mit anderen erzählen. Der chinesische Zuhörer kann diesen Wink mit dem Zaunpfahl dann auf sich beziehen, ohne das Gesicht zu verlieren.
- Eine ähnliche Technik ist das Neutralisieren einer Aussage durch das Zitat einer dritten Person oder die Bezugnahme auf eine Autorität. Gute Redewendungen können sein: *„Mein Vater pflegte zu sagen...“ „Der bekannte Manager X brachte seine Erfahrung zum Ausdruck...“*, *„Der Wissenschafter Y hat herausgefunden...“* oder *„Mein Chef äußerte jüngst...“*
- Indirekte Kommunikation erfolgt in China oft auch in Form von positiven Übertreibungen: Sagen Sie also nie „Das wurde schlecht gemacht“, sondern „Das können wir **noch** besser machen”. Auch Höflichkeitsfloskeln dienen in China zur Abmilderung von Aussagen: *„Vielleicht sollte wir darüber nachdenken, unser Beschwerdemanagement noch effektiver zu machen“* oder *„Finden Sie nicht auch, dass wir die Qualität der Fahrzeuge noch weiter steigern sollten?“*
- Wenn ein Problem doch angesprochen werden muss, so sprechen Sie in der Wir-Form und machen Sie damit das Problem zu einem gemeinsamen Anliegen. Bitten Sie Ihr Gegenüber gegebenenfalls um Hilfe.
- Bauen sie geschickt eine “Ja-Straße” auf, so dass der Partner zur Zustimmung zum bislang Gesagten gebracht wird.

- Weicht Ihr Gegenüber aus, lenkt er ab, wechselt das Thema oder wählt eine Verzögerungstaktik, so können Sie davon ausgehen, dass dies entweder eine Absage ist, oder er sich noch nicht entschieden hat. Auch Notlügen und Ausreden werden von Chinesen gerne gewählt, falls eine Ablehnung ansteht. So wird z.B. manchmal tatsächlich gesagt: „*Das Horoskop passt nicht*". In einem solchen Fall ist insistieren nicht sinnvoll. Nutzen Sie bei Notwendigkeit einer Ablehnung ebenfalls Notlügen und Ausreden. Legen sie sich solche vorab zurecht. Sagen Sie nie direkt ab! Vertagen Sie gegebenenfalls die Frage.
- Wenn Sie wirklich nicht anders können und ein Problem direkt ansprechen müssen, so tun Sie dies zumindest unter vier Augen. Leiten Sie dabei das Gespräch mit der Feststellung ein, dass Sie diese Unterredung als streng vertraulich auffassen und behandeln.
- Seien Sie im Gespräch geduldig, fest und höflich. Vermeiden Sie geschlossenen Fragen („*Haben Sie dies? Können Sie das?*"). Formulieren Sie besser W-Fragen („*Warum...? Weshalb...? Wie...? Was...? Wie lange...?*"), z.B. „*Wie machen Sie das im Normalfall?*".
- Redundanz ist in der chinesischen Kommunikation wichtig. Stellen Sie überprüfende Fragen und analysieren Sie die Reaktion. So erhalten Sie am besten ein Bild über die Wünsche und Prioritäten Ihres Gesprächspartners. Redundanz ist auch zum Ende der Besprechung wichtig. Zur Überprüfung des gegenseitigen Verständnisses und Einvernehmens sollten Sie Ihre Gesprächs-

partner vor dem Schluss nochmals um eine Zusammenfassung der Ergebnisse bitten.

Sie haben nun möglicherweise den Eindruck gewonnen, dass die chinesische Form der indirekten Kommunikation für Deutsche gewöhnungsbedürftig ist. Missverständnisse zwischen Deutschen und Chinesen sind tatsächlich nahezu vorprogrammiert und es wird einige Zeit dauern, bis Sie diese Art der Kommunikation gut beherrschen und die wahre Bedeutung der Worte Ihres Gesprächspartners entschlüsseln können.

Tabelle 2 gibt Ihnen einige Beispiele für die chinesische Art der indirekten Kommunikation. Diese Übersicht kann Ihnen eine Hilfe für das Verständnis der Kommunikationsweise von Chinesen sein, die konkrete Deutung muss natürlich immer aus der Situation heraus erfolgen.

Tabelle 2: Indirekte Kommunikation

Aussage	***Bedeutung***
• **“Ich sehe, was ich tun kann...“ „Wir werden unser bestes tun...“, „Wir versuchen es...“, “Wir werden es tun – falls es möglich ist...”, “Lassen Sie mich darüber nachdenken...”**	• Nein, es ist nicht möglich.
• **“Ich muss meinen Chef fragen.”**	• Ich bin nicht Ihrer Ansicht.
• **“Das ist sehr schwierig.”**	• Das ist nicht möglich.
• **“Bitte besuchen Sie uns auch einmal.”**	• Vielen Dank für Ihre Gastfreundschaft.
• **“Wollen sie x statt y kaufen?”**	• Y gibt es nicht (mehr).
• **“Das ist schön.”**	• Das ist besser als die andere Alternative oder Davon will ich mehr.
• **“Das ist das Beste.”**	• Das ist besser als die anderen Alternativen.
• **„Kein Problem.“**	• Es bestehen Probleme / Schwierigkeiten.
• **„Sicherlich.“**	• Etwas ist vielleicht möglich.

(Quelle: Eigene Darstellung)

Einige in Deutschland durchaus übliche Redewendungen werden Sie von einem Chinesen eher nicht hören. Auch als Deutscher sollten Sie sich solcher Worte enthalten (Tabelle 3).

Tabelle 3: Zu unterlassende Redewendungen

Redewendung	*Deutung in China*
• **„Ich weiß es nicht."**	• Dieser Satz wird in China nicht benutzt. Wer etwas nicht weiß, kann es herausfinden. Antworten Sie also: „Das ist eine gute Frage. Lassen Sie mich das prüfen."
• **„Das können wir nicht tun" , „Nein"**	• Diese Redewendung wird Ihr chinesisches Gegenüber als brüske Ablehnung auffassen. Sagen Sie besser: „Das ist hart. Ich werden sehen, was ich tun kann." Sie können Ihrem Gesprächspartner auch eine Alternative anbieten: „Wir sind nicht in der Lage, Ihnen den Kaufpreis zu erstatten, doch wir können das defekte Produkt ohne Aufpreis ersetzen."
• **"Sie müssen..."**	• Dies sollten Sie einem Chinesen nie sagen. Alternativen sind: „Sie sollten..." „So könnten Sie es so machen..." oder „Wie kann ich Ihnen helfen, X zu tun..."
• **„Man sagte mir das nicht...", „Ich dachte, jemand Anderer kümmert sich darum."**	• Solche Ausreden stellen Ihnen selbst ein Armutszeugnis aus. Seien Sie besser proaktiv. Sie müssen in einem Netzwerk bleiben und die Augen offen halten. Verlassen Sie sich in China nicht zu sehr auf andere.
• **„Ich hatte keine Zeit dafür!"**	• Unterlassen Sie auch diese Ausrede. Es ist Ihre Verantwortlichkeit, Arbeit zu priorisieren und eventuell zu delegieren.
• **„Ich dachte nicht daran, zu fragen..."**	• Diese Ausrede zeigt nur, dass Sie Zusammenhänge nicht erfasst und verstanden haben. Sagen Sie besser: „Das ist ein wichtiger Punkt. Wir berücksichtigen ihn."

(Quelle: Eigene Darstellung)

Emotionalität

Die Sachebene hat in China bei weitem nicht die Bedeutung, die Sie in Deutschland hat. Die Beziehungsebene ist in jeder Situation stets gegenwärtig und wird in China nie zugunsten der Sachebene in den Hintergrund treten. Bei geschäftlichen Entscheidungen werden in China die Gefühle gegenüber einer Person oft die ausschlaggebende Rolle spielen. Bei Kontakten zu Geschäftspartnern ist daher die Atmosphäre entscheidend. Personen müssen sich kennen lernen und sie müssen Vertrauen aufbauen. Es muss klar werden, dass man langfristig und zum gegenseitigen Nutzen zusammenarbeiten will.

Auch daher zeigt und erwartet jeder in China betont persönliches und menschliches Verhalten. Chinesen suchen und geben gerne soziale Unterstützung. Freundschaften oder gute Beziehungen bei der Arbeit spielen für sie eine große Rolle. Diese Emotionalität ist aber auch in negativer Hinsicht wirksam. Negative Emotionen wie Rivalität, Neid und Eifersucht können einen Chinesen auch im Geschäftsleben beherrschen. Sie werden es in China häufiger erleben, dass Unterhaltungen außergewöhnlich lebhaft und emotional geführt werden.

Aufgrund dieser hohen Emotionalität ist in China der laufende Austausch von Informationen und Gedanken besonders wichtig. Dem menschlichen Miteinander muss stets ausreichender Raum gewährt werden. In China wird daher im Arbeitsalltag über alles und jeden gesprochen. Informelle Kommunikation sowie Gespräche über private und familiäre Angelegenheiten sind sehr wichtig. Man zeigt Interesse für die Menschen, macht Komplimente und ist fürsorglich. Auch nach der Arbeit unternimmt man häufig etwas mit den Kollegen. Ein gemeinsames Essen oder ein Besuch in der Karaoke-Bar sind in China oft fördernder für Geschäfte, als dies sachlich begründbar wäre.

Im Beruf wollen Chinesen gelobt werden. Auch fehlendes Lob wird aufgrund der in China üblichen indirekten Kommunikation als Kritik gewertet. Lob ist in China ein besonders wichtiges Motivationsinstrument. Gute Worte sollten sich dabei nicht nur auf die Leistung bezogen werden, auch ein Lob zur Persönlichkeit, Kleidung, zum Geschmack oder Charakter wirkt oft Wunder. Ermutigung, Anerkennung und Unterstützung von Mitarbeitern sollten daher nie vernachlässigt werden.

Kritik sollten Sie in China – wenn überhaupt – nur indirekt (s.o.) üben. Wenn Kritik unvermeidbar ist, so sollten Sie diese unbedingt in Lob bzw. etwas Positives einbetten. So kann der Kritisierte sein Gesicht wahren.

2.3 Hierarchieorientierung

Chinesen sind sehr hierarchiebewusst und halten sich streng an bestehende Strukturen. Während in Deutschland das Zusammenleben wesentlich durch bestehende Regeln organisiert wird, so geschieht dies in China vielmehr durch hierarchische Strukturen. Diese Strukturen werden kaum hinterfragt, jeder hält sich an die für seine Statusgruppe festgelegten Verhaltensregeln, Rechte und Pflichten.

Die Akzeptanz einer Person erfolgt in China also in erster Linie aufgrund ihrer Position, nicht so sehr aufgrund ihrer Kompetenz. Die niedrigeren Ebenen sind gegenüber den höheren Ebenen grundsätzlich loyal. Die höheren Ebenen bieten den niedrigeren Ebenen Schutz, Fürsorge und helfen ihnen bei der Erfüllung ihrer Bedürfnisse.

Als Führungskraft können Sie also mit der Loyalität ihrer Mitarbeiter rechnen, sofern Sie nicht einige grundlegende Regeln verletzen. Sie müssen jedoch auch damit rechnen, dass ihre Mitarbeiter Sie häufiger als in Deutschland bei persönlichen Problemen um Hilfe bitten.

Ihre Mitarbeiter werden Ihnen mit Respekt, zuweilen auch mit Verehrung begegnen. Von Ihnen als Führungskraft werden sie erwarten, dass sie rangniederen Mitarbeitern mit Distanz und Reserviertheit begegnen. Kumpelhaftes Verhalten gegenüber Untergebenen kommt in China nicht gut an und wird schnell als Schwäche interpretiert.

Die starke Betonung der Hierarchie hat viele Vorteile. Große Nachteile sind jedoch auch zu erkennen:

- Die mangelhafte Eigeninitiative chinesischer Mitarbeiter führt mitunter zu Lähmungserscheinungen im Betriebsablauf. Hat ein Mitarbeiter seine Arbeit beendet, so wartet er auf weitere Instruktionen und stellt nur selten sein Ergebnis von sich aus vor. Der Vorgesetzte muss also laufend die Arbeit beobachten und ist somit hauptverantwortlich für eine genaue und termingerechte Ausführung von Aufgaben. Er muss regelmäßig bei seinen Mitarbeitern nachfragen, sie kontrollieren und ermuntern, sowie einzuhaltende

Termine oder Meilensteine selbst überwachen. Verantwortung wird in China auf die höheren Hierarchiestufen geschoben.

- Nur selten werden Sie in China eine kritische Auseinandersetzung mit Befehlen von Vorgesetzten erleben. Widersprüche erfolgen – wenn überhaupt – nur indirekt und werden manchmal von den Führungskräften nicht wahrgenommen. Dies kann zu schweren Fehlern ihn der Unternehmenssteuerung führen.
- Einem Vorgesetzten in China wird nicht widersprochen. Daher wird Ihr Mitarbeiter auch nie eingestehen, dass er etwas nicht verstanden hat oder dass die Aufgabenstellung unrealistisch ist bzw. nicht in der vorgegebenen Zeit erledigt werden kann.
- Außerdem werden Sie häufig Kompetenzgerangel und Machtspiele erleben, besonders bei relativ jungen Führungskräften. In China gibt es eine starke Verbindung zwischen Alter und Hierarchie. Jüngere werden von Älteren oft nicht als Vorgesetzte akzeptiert. Bei Konflikten erwartet man von der Führungskraft die Durchsetzung Ihrer Macht und Ihrer Interessen. Auch Konflikte zwischen Mitarbeitern müssen vom Chef entschieden werden. Konflikte mit dem Chef selbst werden ausgehalten, bis die Situation unerträglich und eine Kündigung unvermeidlich ist. Der herrschende Führungsstil ist autokratisch oder patriarchalisch.
- Das Hierarchiedenken erschwert viele bereichsübergreifende Zusammenarbeit und Nutzung von Synergien. Dies äußert sich auch darin, dass ein Chef die Mitarbeiter seiner eigenen Abteilung bevorzugt und seinen Mitarbeitern Vorteile auf Kosten anderer Abteilungen verschafft.

- Die wechselseitige Abhängigkeit und die Erwartungshaltungen im System (Loyalität gegen Fürsorge) können schnell zu Problemen führen. Bei mangelnder Loyalität des Mitarbeiters oder fehlender Fürsorge des Vorgesetzten ist die Arbeitsatmosphäre schnell vergiftet. Dies mündet häufig in Konkurrenz und Eifersucht.
- Die Hierarchieorientierung in China bringt es mit sich, dass Lob an den Mitarbeiter dann besonders wirksam ist, wenn es gleichzeitig auch seinem unmittelbaren Vorgesetzten zur Kenntnis gegeben wird.
- Gewöhnen Sie sich an die enorme Personalisierung nach oben sowie die massive Protegierung nach unten.
- In beruflichen Besprechungen wird die Hierarchie dadurch sichtbar, dass der Ranghöchste bzw. Dienstälteste die Besprechung eröffnet. Dann wird das Wort der Rangordnung nach ergriffen.
- Viele Dinge können gerade in China dann erreicht werden, wenn Sie sich bei Schwierigkeiten an eine höhere Hierarchiestufe in dem Unternehmen wenden. Tun Sie dies aber nur in wirklich notwendigen und dringenden Fällen!

2.4 Loyalität

Die chinesische Gesellschaft ist in weiten Teilen kollektivistisch orientiert, d.h. die Zugehörigkeit zu einer Gruppe ist für die eigene Identität und das Verhalten bedeutsam.

Die wichtigste Rolle spielt dabei für Chinesen der erweiterte Familienkreis. Die Familie ist gleichzeitig Stütze und Beratungsinstanz. Loyalität zu Familie und Vorgesetzten sind für Chinesen von großer Bedeutung. Die Loyalität zur Familie schafft für Chinesen oft Verpflichtungen, wie z.B. die Sorge füreinander in schwierigen Situationen. Dabei haben Probleme und Notfälle der Familie immer Vorrang vor der Arbeit und anderen Pflichten.

Als Vorgesetzter müssen Sie diese chinesischen Besonderheiten auch daher besonders berücksichtigen, weil ein Chinese von seiner Führungskraft oft Hilfe bei familiären Schwierigkeiten erwartet. Es genügt daher nicht, dass Sie ihrem Mitarbeiter z.B. einen Tag Urlaub geben. Ihr Untergebener wird von Ihnen eine aktivere Rolle bei der Behebung seiner familiären Probleme erwarten.

Im Gegenzug wird er Ihnen immer seine unbedingte Loyalität geben. Loyalität basiert bei Chinesen auf Hierarchie, Alter und Freundschaft.

Die Loyalität hat in China eine überwiegend vertikale Dimension: Man sucht Nähe zu Oberen und hofft auf ihr Wohlwollen. Man zeigt dem Vorgesetzten Respekt und man erkennt seine Position und Autorität an. Der Unterlegene akzeptiert die hierarchischen Unterschiede. Umgekehrt pflegt der Obere die Beziehungen nach unten, denn ihre Unterstützung könnte in der Interessensverfolgung hilfreich sein.

Loyalität existiert aber auch horizontal: Peers teilen dieselben Interessen und helfen einander im Notfall.

Loyalität gegenüber einer Person hat in China mitunter sogar den Vorrang vor der Pflicht gegenüber einer Sache, einer Norm oder einer Institution.

2.5 Positivismus

Chinesen zeichnen sich oft durch eine grundsätzlich positive Haltung gegenüber einer Situation aus. Sie glauben, oder sie versuchen es zumindest, dass die Ergebnisse eines jeden Ereignisses positiv sind.

Tendenziell führt das zu einer Grundhaltung des Vertrauens. Chinesen erscheinen daher manchen Besuchern aus dem Westen sorglos und leichtlebig. Dies ist aber keinesfalls so. Vielmehr akzeptiert man das Leben so wie es ist und man passt sich dem Lauf der Dinge an. Chinesen fügen sich in Ihr Schicksal, zeigen aber die Kraft und den Willen, das Beste aus jeder Situation zu machen und wieder optimistisch zu sein.

Diese Haltung führt allerdings zu einer gewissen Passivität. Ein Chinese wird nicht immer aktiv und verantwortlich nach der Verbesserung einer Situation streben. Chinesen planen weniger, und fordern somit auch oft das Schicksal heraus. Haltungen nach dem Motto „Warten wir es mal ab und hoffen auf einen guten Ausgang!“ werden Sie in China häufig begegnen. Mangelnde Initiative und Alibikultur führen mitunter dazu, dass Verantwortung nach oben delegiert wird. Fehler werden von Chinesen daher auch nur selten eingestanden.

2.6 Besonderheiten im Kommunikationsverhalten

Zustimmung bzw. Ablehnung werden in der chinesischen Kultur in einer ganz anderen Art geäußert, als das Menschen aus dem westlichen Kulturkreis gewohnt sind. Als Europäer laufen sie in dieser Beziehung große Gefahr, dass Sie ihre chinesischen Geschäftspartner falsch verstehen bzw. verärgern.

Ein Beispiel: Sie schlagen einem chinesischen Geschäftspartner vor, noch ein Bier trinken zu gehen. Der Mann lächelt und nickt. Als Uhrzeit schlagen Sie 19 Uhr vor. Der Mann nickt wieder. Als Sie am Abend auf ihn warten, erscheint er nicht, sagt jedoch auch nicht ab. Am nächsten Tag sprechen Sie ihn darauf an. Sie teilen ihm auch mit, dass Sie nicht gern umsonst warten. Der chinesische Kollege nickt wieder.

Die scheinbare Zustimmung des Mannes wurde in diesem Fall klassisch missverstanden. Für einen Chinesen gibt es sozusagen mehrere Bedeutungen eines Nickens:

a.) Ja, ich habe vernommen, dass Sie diverse Töne von sich gegeben haben, habe Sie aber nicht verstanden.

b.) Ja, ich habe die Worte und eventuell auch den Inhalt verstanden. Eine Meinung dazu habe ich nicht.

c.) Ja, ich bin eigentlich gegen das, was Sie mir sagen, aber ich nicke, damit Sie nicht das Gesicht verlieren.

d.) Ja, ich bin mit Ihnen einer Meinung.

In ihrem Fall wollte der Chinese sich (noch) nicht mit Ihnen treffen, hat aber stumm mit dem Kopf genickt, damit Sie das Gesicht nicht verlieren.

Wenn Sie bei einem chinesischen Geschäftspartner echte Zustimmung erreichen wollen, so sollten Sie sich zuerst um den Aufbau einer positiven Atmosphäre kümmern. Das eigene Anliegen darf dabei nicht im Vordergrund stehen. Achten Sie also auf die folgenden Aspekte:

- Schaffen Sie eine angenehme Gesprächsatmosphäre.
- Suchen Sie im Gespräch Gemeinsamkeiten und betonen Sie diese.
- Flechten Sie ins Gespräch immer wieder andere Themen ein, z.B. gemeinsame positive Erfahrungen.
- Gehen Sie langsam vor und halten Ihr eigentliches Anliegen im Hintergrund. Bauen Sie planmäßig eine Situation und Argumentation auf, die es dem Gesprächspartner kaum möglich macht, abzulehnen.
- Bleiben Sie zum Ende der Verhandlung bei wichtigen Punkten beharrlich. Dies signalisiert dem Partner die Wichtigkeit dieser Punkte. Achten Sie auf solche Aspekte auch bei Ihrem Gegenüber. Punkte, die trotz wiederholter Ablehnung immer wieder auftauchen, sind ihrem Geschäftspartner besonders wichtig.

Auch wenn Sie ein Gespräch einmal abbrechen müssen, sollten Sie Besonderheiten in der chinesischen Mentalität berücksichtigen:

- Sagen Sie, dass Sie über den Vorschlag nachdenken werden oder

- erklären Sie, dass Sie dafür nicht zuständig sind oder
- teilen Sie bedauernd mit, dass Sie keine Zeit mehr haben. Notfalls geben Sie einen Termin vor oder
- wiederholen Sie Ihre Antwort einfach immer wieder wortwörtlich oder
- beschäftigen Sie sich angestrengt weiter mit Ihrer Arbeit oder
- begleiten Sie den Chinesen sanft zur Tür hinaus.

Kommunizieren Sie Ihren Standpunkt indirekt und vergessen Sie nie zu lächeln und zu nicken! Verlieren Sie auf keinen Fall die Geduld und beachten Sie dabei, dass Kritik in China grundlegend anders geäußert wird, als dies in Europa der Fall ist. Die oft offene europäische Art der Äußerung von Kritik kann zu irreparablen Schäden in der Beziehung mit Chinesen führen. Agieren Sie in dieser Beziehung besonders vorsichtig.

Achten Sie bei jeder Situation darauf, dass Ihr Gegenüber immer sein Gesicht bewahrt.[8] Beachten sie dabei die nachstehenden wichtigen Regeln:

- Höflichkeitsformeln in der Anrede sollten immer beachtet werden;
- Zeigen Sie grundsätzlich Achtung vor dem Alter und der Familie;
- Die wirklichen Gründe für Fehler werden nicht offen angesprochen. Äußern Sie nie Kritik in der Öffentlichkeit. Kritik wird ver-

---

[8] Traditionell wird durch „das Gesicht haben“ die Einhaltung der konfuzianischen Tugenden wie Loyalität oder Beachtung der Hierarchie beschrieben. Das Gesicht kann man „bekommen“, „geben“, „herstellen“, „retten“, „wahren“, „verlieren“, „rauben“ oder es kann sich durch eine „dicke Haut“ auszeichnen.

schwiegen oder indirekt angesprochen. Für die indirekte Ansprache bieten sich ein Hinweis auf das soziale Umfeld oder private Probleme an. Auch ein lobendes Erwähnen der erfolgreichen Arbeit bei äquivalenten Prozessen oder der Entzug von Gefälligkeiten (Bonus) macht indirekte Kritik möglich.

- Beim Erkennen einer Schwäche sollten Sie nie nachfragen;
- Vermeiden Sie Peinlichkeiten und Verlegenheiten.

Übung: Äußerung von Kritik
Sie sind mit der Arbeit ihres chinesischen Mitarbeiters Herrn Huang nicht zufrieden. Wie weisen Sie ihn darauf hin? Schreiben Sie drei Möglichkeiten auf!

2.7 Symbolglauben

Beachtenswerte chinesische Gewohnheiten existieren bezüglich Glücksbringern und Symbolik. Dieser Glauben genießt in China eine sehr weite Verbreitung. Hier sind viele Dinge zu berücksichtigen, wenn man als Gast nicht ins Fettnäpfchen treten möchte. Diese Gefahr wird noch dadurch verstärkt, dass manche im Westen gebräuchliche Symbole in China eine vollkommen gegensätzliche Bedeutung haben.

Ein Beispiel: Im Westen gilt Weiß als Farbe der Unschuld und Reinheit. Weiße Kleidung wird oft von der Braut auf einer Hochzeit getragen. In China dagegen ist die Farbe Weiß ein Zeichen von Trauer und Unglück.

Farben wird in China sehr wichtige Symbolkraft beigemessen. Die chinesische Farbenlehre ist hoch entwickelt. Ausgewählte zentrale Aspekte sind nachstehend zusammengestellt:

- Weiß symbolisiert in China Trauer und Unglück (siehe obiges Beispiel). Weiße Kleidung trägt man zum Beispiel auf einer Beerdigung. Auch die Farbe Schwarz sollten Sie vermeiden.
- Rot gilt den Chinesen als Farbe des Glückes und des Wohlstands. Bei einer Hochzeit trägt die Braut also in China ein rotes Kleid. Auch sonst ist die Farbe Rot in China allgegenwärtig. Das hat weniger etwas mit den kommunistischen Farben zu tun, sondern damit, dass Rot in beinahe allen Fällen eine positive Bedeutung hat. Nur rote Tinte sollten Sie in China besser nie benutzen. Rote Briefumschläge, zum Beispiel bei Begleitschreiben zu Geschenken, sind sehr gern gesehen.
- Eine weitere wichtige Farbe in China ist Gelb oder Gelbgold, die Farbe der chinesischen Kaiser. Im kaiserlichen China existierte eine strenge Kleiderordnung für die Untertanen. Gelb war die Farbe, die Kaisern und Königen vorbehalten war. Deswegen lieben viele Chinesen diese Farbe und sie wertet Geschenke deutlich auf.

Zahlen werden in China ebenfalls mit allerlei Mystik verbunden und man misst ihnen große Symbolkraft bei. Zwar gibt es auch in vielen westlichen Hotels kein dreizehntes Stockwerk, in China wird der Zahlensymbolik aber ungleich größere Bedeutung als im Westen beigemessen. Einen Überblick über die wichtigsten Glücks- und Unglückszahlen gibt Tabelle 4.

Tabelle 4: Chinesische Zahlensymbolik

Glückszahlen	***Unglückszahlen***
2 (Glück)	4 (Tod)
3 (Wohlstand, Erfolg, Leben)	7 („Fortgegangen“)
6 (Erfolg, ohne Hindernisse)	10 (Tod)
8 (Reichtum, reich werden)	Viele ungerade Zahlen außer 3 und 9
9 (Freundschaft, Dauerhaftigkeit, kaiserliches Symbol)	

(Quelle: Eigene Darstellung)

Tendenziell sollten Sie daher bei Einladungen in China eine gerade Zahl von Gästen einzuladen. Auch sollten Sie insbesondere nach Möglichkeiten zur symbolhaften Nutzung der Zahlen 6, 8 oder 9 suchen.

Der chinesische Symbolismus erstreckt sich auch auf Früchte (Orangen bedeuten Glück, Äpfel stehen für Frieden, Pfirsiche für ein langes Leben). Außerdem empfängt man in China Gäste gerne in Räumen, die geografische oder geschichtliche Symbolik enthalten.

2.8 Tabus

Es sind in China eine Reihe von besonderen sittlichen Schranken zu bewahren. Diese Tabus werden von Deutschen mitunter unwissentlich missachtet und dies kann zu schweren Störungen in Geschäftsbeziehungen führen. Beachten Sie daher insbesondere die folgenden Aspekte:

- Die Fuß- oder Schuhsohlen gelten als der niederste Teil des Körpers. Man zeigt deshalb nicht mit dem Fuß auf etwas oder schiebt Gegenstände mit diesem vor sich her. Dieses Tabu ist auch beim Übereinanderschlagen der Beine zu beachten. Auch sollte man vor dem Betreten eines Privathauses oder einer religiösen Stätte die Schuhe vor der Tür stehen lassen.
- Persönliche Berührungen wie z.B. eine Umarmung, Begrüßungsküsse oder sogar Schulterklopfen sollte man unterlassen. Auch wenn man im Alltag oft denkt, Chinesen hätten keine Berührungsängste (man schaue sich nur die Zustände in der U-Bahn an), so sollten Sie doch körperliche Distanz wahren.
- Deuten Sie nicht mit der ausgestreckten Hand oder gar dem Zeigefinger auf Personen. Dies gilt in als grober Verstoß der Höflichkeit.
- Wenn Sie einen chinesischen Bekannten auf der Toilette[9] treffen, grüßen Sie nicht, das wird als unangenehm empfunden.
- Wenn jemand spricht, gilt es als sehr unhöflich, ihn zu unterbrechen.

---

[9] In öffentlichen chinesischen Toiletten ist Papier i.d.R. Mangelware. Führen Sie daher unbedingt Papiertaschentücher oder Toilettenpapier mit sich.

- Auch wenn im Westen ein fester und bestimmter Blick in die Augen des Gegenübers als Ausdruck von Stärke oder aufmerksamem Zuhören gilt, in China sollten Sie dies besser unterlassen. Ein Chinese empfindet es als unangenehm und aufdringlich, wenn ihm sein Gesprächspartner zu lange oder zu bestimmt in die Augen zu guckt.
- In vielen Teilen Asiens tauscht man vor einer Besprechung oft Zigaretten aus. Sie sollten also nie alleine rauchen, sondern allen Umstehenden immer auch Zigaretten anbieten. Wenn Sie selbst eine Zigarette angeboten bekommen, nehmen Sie sie als Zeichen der Verbundenheit. Sind Sie Nichtraucher, so stecken Sie die Zigarette in die Brusttasche.
- Lassen Sie in Deutschland anreisende chinesische Geschäftspartner Ihr Hotel nicht selbst bezahlen. Bezahlen Sie als Gastgeber selbst das Hotel.
- Lassen Sie Ihre Geschäftspartner nicht ohne Geschenk nach Hause fliegen. Je nach Volumen des Verkaufs schenkt man seinem Geschäftspartner eine Prämie.
- Auch bei einer privaten Einladung in ein chinesisches Zuhause sollten sie nicht ohne Gastgeschenk erscheinen. Obst ist eine gute Wahl.
- In China öffnet man Geschenke nicht vor den Augen des Schenkenden, sondern erst, wenn dieser nach Hause gegangen ist.
- Tauchen Sie bei geschäftlichen Terminen nicht in zu legerer Kleidung auf. Es ist sehr wichtig, passende Kleidung in der Firma oder zu einer Geschäftsbesprechung zu tragen.

Außerdem gibt es weitere wichtige Tabus, welche sich aus dem Volkglauben ableiten lassen. Achten Sie diesbezüglich auf die folgenden Aspekte:

- Verschenken Sie keine Uhren. Uhren werden in China mit dem Tod in Verbindung gebracht.
- Verschenken Sie keine Schirme, denn diese stehen für Trennung.
- Verschenken Sie keine weißen oder gelben Blumen, das sind Farben für Beerdigungen. Eine Ausnahme sind weiße Lilien, sie stehen für „Blumen der vollkommenen Harmonie".
- In geschlossenen Räumen öffnet man keinen Schirm, das bringt großes Unglück.
- Schreiben Sie nicht - insbesondere keine Namen - mit roter Farbe, das bringt in den Augen von Chinesen Unglück.

3 Typische Situationen

Es gibt für Geschäftsreisende immer wieder typische Alltagssituationen. In Deutschland und meistens auch in Westeuropa meistert man diese i.d.R. problemlos und intuitiv. In China aber befindet man sich auf kulturell fremdartigem Gebiet. Häufige Alltagssituationen und wie man am besten mit ihnen umgeht, sind daher Gegenstand dieses Kapitels.

3.1 Begrüßung

Das Händeschütteln ist im chinesischen Kulturraum eine aus Amerika übernommene und relativ neue Geste. Warten Sie daher ab, ob man Ihnen die Hand zur Begrüßung reicht. Wenn es dazu kommt, dann sollten Sie beachten, dass der chinesische Händedruck eher ein kurzes Ineinanderlegen der Hände und nicht der im Westen gepflegte feste Händedruck. Ein zu fester Händedruck wird in China als unhöflich empfunden. Begleiten Sie jeden Händedruck mit einer leichten Verbeugung. Der Augenkontakt sollte nicht so intensiv sein wie in Deutschland, ein flüchtiger Blick ist angemessen. Ein Mann sollte in China einer Frau nur dann die Hand schütteln, wenn sie dies anbietet.[10]

Besonders wichtig ist im chinesischen Geschäftsleben das Überreichen der Visitenkarte zur Begrüßung. Dies hat in China fast den Rang

---

[10] Das Wort Fräulein ist in China übrigens nicht unüblich und wird gerne gebraucht.

eines Rituals. Die Visitenkarte sollte man aus der Brusttasche ziehen - am Besten aus einem wertvollen Etui. Holen Sie ihre Karte nicht aus der Hosentasche oder dem Portemonnaie hervor. Überreichen Sie ihre Karte mit beiden Händen indem sie sie jeweils zwischen Daumen und Zeigefinger halten. Deuten Sie eine Verbeugung an. Die Karte wird so gedreht, dass der Text für den Empfänger lesbar ist. Beim Überreichen der Visitenkarte sagt man seinen Namen. Lächeln und nicken Sie. Auch wenn Sie eine Visitenkarte bekommen, sollten Sie Respekt zeigen. Nehmen Sie die Karte respektvoll mit beiden Händen entgegen und lesen Sie eingehend den Text. Nicken Sie, lächeln Sie, und stecken die Karte achtsam in die Brusttasche, am besten in ein Etui. Spielen Sie nie mit einer Visitenkarte herum. Achten Sie auch darauf, dass Titel in China eine große Rolle spielen und versehen Sie Ihre eigene Karte mit einem angemessenen Titel.[11] Ihre Visitenkarte sollte – wenn möglich – eine chinesische Übersetzung haben.

Bei der Anrede sollte man stets aufpassen, nicht Vor- und Nachnamen zu verwechseln. In China wird der Nachname vorangestellt. Der erste Name auf der Karte ist also der Familienname[12]. Die korrekte Anrede der Gäste enthält Position oder Titel und den Nachnamen. Es heißt also etwa "Präsident Ling" oder "Direktor Li". Der Titel auf der Karte ist in China wichtig, denn Sie können daran die Hierarchie ablesen. Als Titel eignen sich akademische Titel oder hohe Funktionsbezeichnungen. Üblich sind z.B. Anreden wie „Chang boshi“ (Doktor Chang), „Chao la-

---

[11] Wundern Sie sich daher auch nicht über die vielen Visitenkarten mit dem Aufdruck „Vizepräsident“.

[12] Zusätzliche Informationen zu chinesischen Namen sind in Anhang 5 zu finden.

oshi" (Lehrer Chao) oder „Hu jingli" (Manager Hu). Auch die Formel „Lao" (alt) sollten Sie nicht negativ auffassen. In der chinesischen Kultur wird der Begriff positiv und als Ausdruck von Respekt gebraucht.

Bei der Vorstellung sollten Sie immer lächeln und Respekt zeigen. Sie werden feststellen, dass es bei der Vorstellung das Ziel jedes Chinesen ist, zu zeigen, dass er sich anderen zuordnen kann und dass er gewillt ist, ein Glied in der Maschine des Unternehmens zu sein. Weiterhin wird er zeigen, dass er Respekt genießen und geben kann, dass er bedeutende Personen kennt und er wird seine gesellschaftliche Position zeigen (Universitätsabschluss, Auslandsaufenthalte etc.). Er wird sich tendenziell passiv-defensiv geben, gelassen und beherrscht sein und nach Gemeinsamkeiten suchen. Dieses Benehmen ist in China normal und Sie sollten es nicht als Charakterschwäche auslegen. Hüten Sie sich also davor, daraus fälschlicherweise zu schließen, dass Ihr Gegenüber keine eigenen Ideen und eine wenig ausgeprägte individuelle Persönlichkeit hat und daher wenig Input in das Unternehmen bzw. die Beziehung einbringen kann.

Über die bereits angesprochenen Aspekte hinaus sollten Sie bei der Vorstellung noch die nachstehenden Regeln beachten:

- Die besonders zu ehrende Person wird zuerst vorgestellt: Senior vor Junior, Herr vor Dame, Chef vor Untergebenem. Die Hierarchie wird immer und überall berücksichtigt
- Vermeiden Sie die in Europa früher übliche Geste „Hut abnehmen und verbeugen". Dies ist in China eine Geste zu Beerdigungen.

- Umarmungen und Wangenküsse zur Begrüßung haben sie zwar vielleicht schon einmal im Fernsehen gesehen, in China ist diese Geste jedoch nur beim Empfang ausländischer Gäste durch Staatsoberhäupter üblich.
- Begrüßungsworte in chinesischer Sprache werden von Chinesen besonders geschätzt. Man fasst dies als Zeichen zur Respektbezeugung vor chinesischer Sprache und Kultur auf. Begrüßen Sie jemanden mit „Ni Hao“ (Guten Tag).
- Je jünger Sie sind, desto stärker müssen Sie den Chinesen durch Fachwissen und Beziehungen überzeugen.
- Kleiden Sie sich immer seriös, auch beim einem informellen Abendessen mit Geschäftspartnern.
- Sie werden in China immer als Geschäftsperson und nicht als Privatperson wahrgenommen. Daher sollten Sie sich immer angemessen verhalten.
- Westliches Temperament ist nicht erwünscht. Zeigen Sie sich beherrscht. Vermeiden Sie lautes Lachen und klopfen Sie anderen nicht auf die Schultern.

3.2 Unterhaltung

Wenn es nach der Vorstellung oder in einer Sitzungspause zur Unterhaltung mit Chinesen kommt, so werden Sie einige ungewöhnliche Situationen erleben. So ist es in China durchaus üblich, Sie direkt nach recht **persönlichen Dingen**, wie z.B. nach Ihrer Herkunft, Ihrem Alter, Ihrem Familienstand und sogar Ihrem Monatsgehalt zu fragen. Auch Fragen nach dem Preis Ihres Anzuges, ihrem Sternzeichen im chinesischen Tierkreis und ihrer Blutgruppe sind nicht selten. In China ist die persönliche Ebene von großer Bedeutung, deswegen denken sich die Chinesen auch nichts bei persönlichen Fragen. Jedoch erwarten sie auch nicht unbedingt auf alle Fragen eine Antwort. Trotzdem sollten Sie immer auch über (Ihnen genehme) persönliche Dinge berichten und nicht nur über Geschäft, Unternehmen und Produkte reden. Chinesen mögen diese ausschließliche Sachbezogenheit nicht und erwarten Informationen zu Ihrem Privatleben. Im privaten Umgang eignet sich vor allem die Familie als Gesprächsthema. Mitgebrachte Fotos von Zuhause oder von Familienangehörigen können die Unterhaltung beleben. Nehmen Sie also diese Dinge mit, denn mit diesen Utensilien können Sie sehr erfolgreich eine persönliche Beziehung zu ihrem Gegenüber aufbauen.

In einer **Diskussion** mit Chinesen sollten Sie jede Form von Auseinandersetzung unbedingt vermeiden. Auch jedes Verneinen oder der Eindruck einer Ablehnung der Worte ihres Gegenübers sollte unterbleiben. Vermeiden Sie in Gesprächen unbedingt auch politische Themen wie Tibet, Taiwan oder die Studentenbewegung in 1989. Überhaupt werden politische Themen in China eher selten diskutiert und wenn überhaupt, dann werden es die Chinesen nicht mit Ihnen tun. Besonders unangenehm wird von Chinesen jedes Nachbohren oder Insistieren bei Diskussionen empfunden. Äußern Sie sich auch nicht negativ über Deutschland oder die deutsche Politik. So etwas würde in China auf erhebliches Unverständnis stoßen.

Das alles bedeutet jedoch keinesfalls, dass Chinesen nicht auch leidenschaftlich gern über alle möglichen Themen diskutieren. Am Schluss einer jeden Diskussion sollte jedoch stehen, dass man sich im Grunde darauf einigt, dass beide Recht hatten, oder man eigentlich das gleiche meinte. Bei einer Diskussion darf es Ihnen in China nie darum gehen, dem Diskussionspartner argumentativ überlegen zu sein. Ein solches Verhalten würde nicht nur in den Augen der Chinesen arrogant wirken, sondern könnte außerdem als ein persönlicher Angriff auf den Diskussionspartner gewertet werden. Außerdem sollten Sie sich als Deutscher nicht der Illusion hingeben, in China als Diskussionspartner genauso ernstgenommen zu werden, wie ein Chinese. Wer nicht selbst Chinese ist, wird immer ein wenig außerhalb stehen - auch wenn sich aus Höflichkeit alle Chinesen bemühen werden, sich davon nichts anmerken zu lassen.

Auch **Kritik** wird bei Chinesen auf besondere Art und Weise geäußert. Chinesen sind Meister darin, Kritik durch die Blume anzubringen. Hat ein Dolmetscher seinen Job außerordentlich mies gemacht, dann wird eben betont, dass er noch viele andere Verpflichtungen hat, und man ihn daher das nächste Mal nicht wieder behelligen möchte. Ist eine Idee wirklich schlecht, dann betont man, dass der Urheber schon oft viele gute Idee hatte. Die Grundlage des Miteinanders in China ist - anders als im Westen - die Aufrechterhaltung der Harmonie und die Vermeidung von Streit.

Je nach Situation eignen sich verschiedene Themen für **Smalltalk** mit Chinesen. Dabei kommt es besonders gut an, wenn Sie Ihr Interesse an und Ihr Wissen über China zeigen.[13]

Die folgenden Gesprächsthemen fallen erfahrungsgemäß auf besonders fruchtbaren Boden:

- das Wetter;
- die Anfahrt;
- die Familie;
- Olympia 2008 (Peking) / Expo 2010 (Shanghai);
- der Wirtschaftsaufschwung Chinas seit den 80er Jahren;
- Geographie Chinas[14];
- die Tausende von Jahren währende chinesische Kultur und Geschichte.

Vermeiden sollten Sie insbesondere folgende Themen:

- Kulturrevolution;
- Menschenrechte und Demokratie;
- Sex;
- Geld;
- Politik.

[13] Grundlegende Informationen finden Sie in den Anhängen.

[14] Siehe Anhang 1.

3.3 Einladung

Geschäftliche Einladungen sollten Sie in China regelmäßig veranstalten. Laden Sie etwa drei- bis viermal pro Monat zum Essen ein und bedenken Sie Gäste, Kunden, Behördenvertreter oder Mitarbeiter mit solchen Einladungen. Die Einladungen werden i.d.R. ins Restaurant ausgesprochen. Einladungen nach Hause sind in China eher selten. Geschäftsessen dauern in China zwei bis drei Stunden. Sie beginnen in der Regel gegen 18 Uhr und enden gegen 20.30 Uhr. Pünktliches Erscheinen ist wichtig. Es wird erwartet, dass die Gäste nach dem Essen gehen.

Berücksichtigen Sie bei Ihren Einladungen bitte auch die oft noch eklatanten Gehaltsunterschiede zwischen ausländischen Mitarbeitern und Chinesen. Diese führen oft zu einem Drahtseilakt bei Einladungen. Einerseits sollte das Restaurant in das Sie einladen nicht zu teuer sein, denn dann könnte dies als protziges Verhalten verstanden werden. Außerdem könnten Sie damit bei den Chinesen Minderwertigkeitsgefühle auslösen, da diese sich nicht in der Lage sehen, Ihre Einladung mit einer entsprechenden Gegeneinladung auf gleichem Niveau zu erwidern. Andererseits darf das Restaurant natürlich auch nicht zu einfach sein, denn dann wird man Sie in China schnell zum Geizhals abstempeln. Wählen Sie das Restaurant also sorgsam aus!

Lädt man Sie ein, so sollten Sie grundsätzlich zuerst mehrfach höflich ablehnen. Oft wird in China eine Einladung nur aus Höflichkeit ausgesprochen und ist nicht ernst gemeint. Mit einer sofortigen Annahme bringen Sie ihr Gegenüber also in Verlegenheit. Wird weiterhin - trotz mehrfacher höflicher Ablehnung - eine Einladung ausgesprochen, so ist sie ernst gemeint und keine Höflichkeitsfloskel. Dann sollten Sie die Einladung annehmen.

Bei einer Einladung sollten Sie sich erst nach Anweisung des Gastgebers auf den Ihnen zugewiesenen Platz setzen.

Bei Tisch werden sie die zahlreichen chinesischen Höflichkeitsfloskeln kennen lernen. Hier ein paar Beispiele:

- „*Nur Hausmannskost, greifen Sie zu! Fühlen Sie sich wie zu Hause*";
- „*Heute haben wir nichts Besonderes vorbereitet. Entschuldigen Sie die geringe Auswahl*".

Der Gastgeber legt dem Gast Essen vor. Sie sollten Ihren Teller bzw. Ihre Schüssel nie leer essen, denn sonst muss ihr Gastgeber ihn immer wieder auffüllen. Ein leerer Teller symbolisiert in China einen geizigen Gastgeber.

Unangenehme Themen sollten Sie – wenn überhaupt – erst nach dem Essen ansprechen, denn das Essen soll immer in angenehmer Unterhaltung stattfinden.

Auch beim Abschied werden viele Höflichkeitsfloskeln ausgetauscht. Sagt der Gastgeber also z.B. aus Bescheidenheit: „*Entschuldigen Sie das bescheidene Mahl*", so können sie ihm lächelnd entgegnen: „*Vielen Dank für die liebenswürdige und reichhaltige Bewirtung!*"

3.4 Essen und Trinken in China

Beim Essen in China sollten Sie grundsätzlich einige Vorsichtmaßnahmen beachten. Der Verdauungstrakt eines Europäers kann auf chinesisches Essen u.U. heftig reagieren.[15] Eine erfolgversprechende Regel zur Vermeidung solcher Probleme ist es, sich auf gekochte Speisen zu beschränken und das Trinken von Leitungswasser[16] zu vermeiden. Essen Sie also möglichst keine rohen Speisen, auch keinen Salat und keine schon aufgeschnittenen Früchte. Folgen Sie dem Grundsatz: *Cook it, peel it, wash it or forget it.*

In China ist das gemeinsame Essen ein besonderer und wichtiger Anlass zur Stärkung der Beziehungen. Aufgrund der in China lange herrschenden Armut, ist es ein Ausdruck des Wohlstands, mit Nahrungsmitteln großzügig umgehen zu können. Das ist auch der Grund dafür, dass man bei einer Einladung zum Essen oft riesige Mengen und eine große Vielfalt an Speisen vorgesetzt bekommt. Diese kann und soll man nicht alle verspeisen, denn in China wäre es eine Blamage für den Gastgeber, wenn seine Gäste alles aufessen würden. Dies würde in China bedeuten, es hätten nicht ausreichend Speisen zur Verfügung gestanden und dies würde ein schlechtes Bild auf den Gastgeber wer-

---

[15] Im Fall einer Erkrankung können Sie sich bei den Botschaftsärzten über die medizinische Versorgung informieren. Die Botschaftsärzte behandeln viele Erkrankungen auch selbst. Westliche Medikamente sind in den großen Städten in den Apotheken verfügbar.

[16] Trinken Sie Mineralwasser aus Flaschen. Zur Not kochen Sie Leitungswasser ab.

fen. Oft werden daher auch dann noch Gerichte nachbestellt, obwohl niemand mehr wirklich hungrig ist.

Auch die nachstehenden Aspekte sollten Sie beachten:

- Vor dem Genuss alkoholischer Getränke prostet man sich gegenseitig zu, z.B. mit *„Ganbei!"* (das Glas trocknen) oder *„Yisi yisi"* (Prost). Es ist für ihre chinesischen Geschäftspartner wichtig, dass Sie mit ihnen Schnaps trinken. Alle anwesenden Chinesen werden dabei mit Ihnen anstoßen und das Glas sollte stets komplett geleert werden. Für die Chinesen stellt dies eine wichtige Geste der Verbrüderung dar. Zum Trinken ruft man Sie oft auch auf mit *„Quanjiu" (*Los, los, los, trinken wir einen).
- Essen wird Ihnen oft mit verschiedenen Aufforderungen vorgelegt: *„Chi! Chi! Chi!"* (Iss! Iss! Iss!) oder *„Suibian Chi!"* (Greifen Sie zu!) oder *„Man man Chi!"* (Essen Sie langsam!). Diese Aufforderungen symbolisieren in China Gastfreundschaft und Aufmerksamkeit.
- Lautes Sprechen, das Säubern der Zähne, Schmatzen und Rülpsen gelten im heutigen China zwar streng genommen auch als ungehörig, trotzdem wird man so einem Verhalten in China nicht selten erleben. Verziehen Sie in einem solchen Fall keine Miene! Knochen werden in China nicht selten auf die (Plastik-)Tischdecke geworfen. In China wird manchmal am Tisch auch mit vollem Mund geredet oder es wird mit Tee gegurgelt bzw. ein großer Bissen hinunter gespült.

- Schnäuzen wird dagegen als abstoßend empfunden, besser ist es, dafür hinauszugehen oder sich wenigstens umzudrehen. Am besten gehen Sie in China zum Nase putzen auf die Toilette.
- Chinesen rauchen viel und gerne. Rauchen ist **während** des ganzen Essens erlaubt. Man sollte sich allerdings nie selbst eine Zigarette aus der eigenen Schachtel nehmen, ohne auch allen anderen am Tisch Zigaretten angeboten zu haben. Nehmen Sie Zigaretten auch von anderen an. Legen Sie z.B. Zigaretten für alle auf den Tisch.
- Lassen Sie Stäbchen nicht senkrecht in der Reisschale stecken. Chinesen erinnert dies an die Schalen mit Reis für die toten Ahnen, in die man Räucherstäbchen steckt. Die Essstäbchen sollten neben den Teller gelegt werden, so dass die Griffseite auf dem Tisch aufliegt und die Mundseite auf einem der Schälchen oder dem Knochenteller. Oft gibt es bei Tisch auch extra ein kleines Porzellan-Bänkchen für die Stäbchen, auf das die Mundseite gelegt werden kann.
- Sie sollten den Umgang mit Stäbchen vor Ihrem Chinaaufenthalt eingehend üben. Ausländer, die gut mit Stäbchen umgehen können, steigen stark im Ansehen der Chinesen. In manchen Restaurants bekommen Sie zwei paar Stäbchen. Dann ist das eine Paar allein dafür gedacht, dass Sie sich damit die Speisen aus den Schüsseln in der Mitte nehmen. Mit dem zweiten Paar Stäbchen führen Sie dann die Speisen zum Mund.
- Bei Alkohol sollten Sie nicht das Glas ganz austrinken, ohne dazu aufgefordert worden zu sein. Auch sollten Sie sich nicht selbst nachgießen.

- Nach dem Essen wird oft Obst gereicht. Das ist dann auch i.d.R. das Zeichen zum Aufbruch. Man steht vom Tisch auf, und beendet damit – in europäischen Augen manchmal recht abrupt - das gemeinsame Essen.

Wenn Sie Mitarbeitern den Vorschlag machen, gemeinsam essen zu gehen, so wird dies in der Regel als Einladung verstanden. Solch ein Essen ist oft eine gute Möglichkeit, Mitarbeiter zu loben, sie zu motivieren oder Dank und Anerkennung zu zeigen. Auch kann man nach dem Essen oft sehr einfach Probleme in der Zusammenarbeit in Erfahrung bringen.

Die **Wahl des Restaurants und der Speisen** können Sie den Mitarbeitern überlassen, sie sollten aber durchaus zwei bis drei Extragerichte bestellen, so dass sie nicht als Geizhals in Verruf geraten.

Bei **minder formellen Mittag- oder Abendessen** zahlt i.d.R. der Besuchte das Mittagessen, z.B. Einladung in die Kantine. Jedoch wird oft eine Gegeneinladung erwartet. Mindestens einmal sollte also der Besucher den Besuchten einladen. Bezahlen wird oft auch derjenige mit dem höchsten Rang bzw. dem größten Geldbeutel. Bezahlen ist eine China eine Ehre, wundern Sie sich also nicht, wenn man sich um die Rechnung (manchmal nur zum Schein) streitet. Getrennt wird in keinem Fall bezahlt. Von der Bedienung wird i.d.R. kein Trinkgeld erwartet.

Alle Teilnehmer des Essens bestellen gemeinsam. Die verschiedenen Gerichte werden dann in die Mitte gestellt. Jeder kann und soll von allen Gerichten essen, das entspricht dem chinesischen Sinn für Gemeinschaft. Essen gilt in China grundsätzlich als etwas Gemeinschaftliches und Hierarchisches. Ziel des Essens ist es, abseits des Arbeitsplatzes in ungezwungener Atmosphäre mit den Geschäftspartnern zusammenzusitzen und einander besser kennen zu lernen. Alle Gerichte sollten – wenn möglich - probiert werden, seinen Sie jedoch vorsichtig bei rohen Speisen.

Große Bankette werden in China oft nach erfolgreichen Geschäftsabschlüssen oder erreichten Meilensteinen abgehalten. Auch dienen sie oft zur Überwindung großer Probleme, Spannungen oder Konflikte.

Bei diesen Banketten existiert i.d.R. eine strenge **Sitzordnung**. Etwa 10 bis 16 Personen werden an einem Tisch platziert. Der ranghöchste Gastgeber sitzt mit dem Rücken zur Wand und hat den Blick zur Tür. Die Ehrengäste sitzen an seiner Seite, nach Rang erst rechts, dann links. Alle anderen Personen werden ihrer Bedeutung entsprechend im Uhrzeigersinn platziert, wobei jeder ausländische Gast einen chinesischen Nachbarn entsprechend seines Rangs hat. Wenn nicht alle Personen an einen Tisch passen, dann sitzt dem zweiten Tisch der in der Firmenhierarchie zweithöchste Gastgeber (z.B. der Vizepräsident) mit niederen Ehrengästen vor. Dolmetscher sind von diesen Regeln ausgenommen, sie sitzen natürlich dort, wo sie benötigt werden. Ehefrauen sind bei derartigen Anlässen normalerweise nicht dabei, sofern sie nicht eine geschäftliche Funktion ausüben. Für die Fahrer ist bei großen Banketten häufig noch ein Essen im Nebenraum angerichtet, welches auch vom Gastgeber bezahlt wird.

Bei einem solchen formellen Bankett **beginnt der ranghöchste Gastgeber das Essen**, indem er stehend eine kurze Tischrede hält (empfehlenswerter Inhalt: Gute Freundschaft der beiden Heimatländer, der jeweiligen Firmen, der Personen und eine glorreiche gemeinsame Zukunft). Nach der Erwiderungsrede des Ehrengastes mit viel Lob und Dank und eventuell auch einer Gegeneinladung werden die Reden mit einem *„Ganbei" beendet,* wobei alle aufstehen. Dann bittet der ranghöchste Gastgeber den ranghöchsten Gast, mit dem Essen anzufangen. Oft werden teure und außergewöhnliche Speisen serviert, wie z.B. Schildkröten, Schlangen, Seegurken, Schwalbennest, Haiflossen o.ä.

Die Vorspeisen sind in der Regel pikant und kalt und werden wie die Schüsseln mit den verschiedenen Gerichten auf eine runde, drehbare Platte in der Tischmitte gestellt.

Alle Gerichte sollten demonstrativ von Ihnen probiert und gelobt werden. Was man nicht mag, kann am Tellerrand abgelegt werden. Belassen Sie besser stets einen Rest im Glas und auf dem Teller, denn leere Teller und Gläser werden laufend wieder aufgefüllt.[17] Alkohol, oft Schnaps trinkt man bei solchen Banketten nie alleine, sondern es wird ein anderer wird durch Zuprosten aufgefordert, mit zu trinken. Die Chi-

---

[17] Es ist unhöflich, dem Gastgeber das Nachfüllen zu verwehren. Prosten Sie stattdessen reihum und trinken Sie mit großer Geste aus.

nesen werden oft und gerne mit Gästen aus dem Westen anstoßen. Sie sollten also trinkfest sein oder -wenn Sie es nicht sind - können Sie sagen: „*Suiyi*“ (Prost, nach Belieben). Trinken Sie also möglichst mit, gehen Sie aber, bevor Sie betrunken sind! **Nicht mittrinken gilt als Affront**, allerdings akzeptiert man es, wenn Sie gesundheitliche oder religiöse Gründe anführen (s.u.).

Reis gibt es oft erst am Schluss eines guten Essens, noch nach einer großen Schüssel heißer Suppe! Der Reis wird bei solchen Essen erst am Ende aufgetragen, damit der Gastgeber nicht den Eindruck erweckt, seine Gäste schon zu Beginn des Essens mit (billigem) Reis sättigen zu wollen.

Der Gastgeber beendet schließlich das Essen, indem er sich erhebt. Wundern Sie sich nicht, wenn man sie nun noch in eine Karaoke-Bar einlädt. Auch wenn Sie sich für vollkommen unmusikalisch hält, so sollte man dort ein Lied singen. Dadurch können Sie sehr im Ansehen der Chinesen steigen. In der Bar gibt es eine Karte mit den verfügbaren Liedern. Dies umfasst i.d.R. chinesische und englische, manchmal auch deutsche Lieder. Suchen Sie sich ein Lied aus und melden es der Bedienung. Kurze Zeit später wird Ihr Lied angesagt, dann gehen Sie nach vorne zum Monitor und greifen sich das Mikrofon. Das Playback wird nun beginnen, Hilfe bietet Ihnen der Liedtext auf dem Monitor. Nach vollbrachter Leistung wird man Sie ausgiebig beklatschen, egal wie falsch Sie auch gesungen haben. Dies sollte man auch bei den Chinesen tun. Wer nicht mitsingt, ist aus Sicht der Chinesen ein Spielverderber.

Regeln beim Trinken

Chinesen bevorzugen nicht nur warmes Essen, sondern auch warme Getränke zur Mahlzeit. Statt einem kalten Getränk gibt oft den berühmten chinesischen grünen Tee und abgekochtes Wasser zum Essen. Außerdem wird i.d.R. eine Suppe gereicht. Suppe bezeichnet man in China nämlich als Getränk und nicht als Speise.[18]

Bei feierlichen Anlässen oder auch bei Geschäftsessen wird jedoch auch gerne dem Alkohol zugesprochen. Alkohol ist in China ebenso populär wie in Europa und man trinkt in China ebenfalls gern Alkohol zusammen mit Freunden, vor allem aber mit Geschäftsfreunden und Geschäftspartnern. Dies gilt besonders im Norden von China, obwohl der Konsum von Alkohol auch im Süden von China ausgeprägt ist. Über 50 Prozent der Chinesen allerdings vertragen Alkohol nicht gut, denn es fehlt ihnen das für den zum Alkoholabbau im Körper wichtige Enzym Acetaldehyddehydrogenase. Dies sieht man beim Trinken an sich früh und plötzlich rötenden Gesichtern. Viele Chinesen sind aber trotzdem in der Lage, große Mengen Alkohol zu trinken, besonders dann, wenn es während eines Geschäftsessens darum geht, bei seinem Geschäftspartner einen guten Eindruck zu hinterlassen.

Auch Sie werden beim Trinkgelage unweigerlich mitmachen müssen, wenn Sie nicht die Chinesen vor den Kopf stoßen wollen. Als Entschuldigung können Sie allenfalls gesundheitliche oder religiöse Gründe anführen, denn so bewahrt der Gastgeber sein Gesicht. Man merkt

---

[18] In der chinesischen Sprache trinkt man eine Suppe, man isst sie nicht.

sich Ihre Begründung aber und Sie sollten sich dann besser nicht bei anderer Gelegenheit beim Alkoholgenuss erwischen lassen. Wenn Sie aber erst einmal angefangen haben mitzutrinken, dann wird es sehr schwierig werden, ohne Gesichtsverlust auszusteigen. Das Umsteigen von Soft Drinks auf alkoholische Getränke ist möglich, andersherum kommt der Umstieg vom Alkohol auf Soft Drinks jedoch nicht gut an, weil Sie dann den Eindruck erwecken, Sie hätten den Spaß am Zusammensein verloren.

Auch ist es eine Besonderheit, dass in China ein Trinkglas immer *voll* sein muss, im Gegensatz zu Europa, wo man üblicherweise erst dann nachschenkt, wenn ein Glas leergetrunken ist. Es wird also auch nachgeschenkt, obwohl man noch fast gar nichts getrunken hat. Dies gilt vor allem für leichtere alkoholische Getränke wie Bier. Üblicherweise wird der Gastgeber das Einschenken übernehmen - oder im Restaurant die Kellnerin oder der Kellner. Wenn Sie selbst Gastgeber sind, so sollten Sie es vermeiden, sich selbst etwas einzuschenken, ohne vorher nicht allen anderen Tischgästen ebenfalls nachgeschenkt zu haben - und sei es auch nur andeutungsweise. Selbst in ein volles Glas passen noch ein paar Tropfen.

Sind die Gläser gefüllt, geht es ans Anstoßen und Zuprosten, dies natürlich am besten in chinesischer Sprache. Sie werden viele Trinksprüche erleben. Meistens wird man mit Maotai anstoßen, dies ist der beliebteste chinesische Schnaps aus der Provinz Guizhou. Stößt man mit den anderen Tischgästen an, so gibt es auch hier einige Feinheiten, die zu beachten sind. So hält man als besondere Respektbekundung gegenüber einer älteren oder übergeordneten Person das Glas beim Anstoßen mit zwei Händen, wobei die eine Hand das Glas normal hält, während die andere Hand mit der Handfläche nach oben unter den Glasboden gehalten wird. Eine weitere besonders höfliche Respektbekundung ist es, darauf zu achten, dass man das eigene Glas beim Anstoßen etwas niedriger hält als das Glas des Gegenübers. Natürlich wird kaum ein Chinese von einem Europäer erwarten, diese Feinheiten wirklich zu kennen. Zumal man als Europäer üblicherweise ohnehin außerhalb der chinesischen gesellschaftlichen Hierarchie steht. Trotzdem werden sich ihre chinesischen Partner über solche Gesten sehr freuen.

Bei festlichen Anlässen wird der Gastgeber oft ein paar einleitende nette Worte sagen. Den Ausdruck, auf den man dabei achten sollte ist „*gan bei*“ (trockenes Glas). In Deutschland würde man "*auf ex*" sagen und exakt dies ist damit gemeint. Prost!

3.5 Regeln für Geschenke in China

Geschenke spielen in China – nicht nur im Geschäftsleben – eine besondere Rolle. Der Austausch von Geschenken ist für Chinesen sehr wichtig und dieses Ritual ist bedeutend für den Aufbau und die Pflege von Geschäftsbeziehungen. Bei geschäftlichen Anlässen werden Geschenke häufig bei einem Geschäftsessen oder zum Abschied ausgetauscht.

Allerdings bestehen auch in dieser Hinsicht einige kulturelle Unterschiede und so sollte man die nachstehenden Dinge unbedingt beachten:

- Gastgeschenke werden in China grundsätzlich eingepackt verschenkt. Chinesen werden ein Geschenk nicht vor ihren Gästen auspacken, da der Schenkende sonst möglicherweise – bei Nichtgefallen des Geschenks – sein Gesicht verlieren könnte. Von Gästen aus der westlichen Hemisphäre wird aber oft verlangt, dass sie das Geschenk sofort auspacken. Wenn Sie also ausdrücklich zum Auspacken der Geschenke aufgefordert werden, dann tun Sie dies und loben das Geschenk ausgiebig und überschwänglich.
- Sehr gerne sind in China rote Geschenkverpackungen oder Briefumschläge gesehen, da sie Glück bedeuten (siehe chinesische Farbenlehre). Rote Tinte sollten Sie jedoch in keinem Fall benutzen, denn dies symbolisiert in China, dass man eine Verbindung beenden möchte.
- Die Farbensymbolik[19] ist in China bei Geschenken besonders zu beachten: Rot, Violett, Gelb und Gold signalisieren bei Geschenkverpackungen Glück und Freunde. Eine aufwendige Verpackung mit Geschenkpapier, möglichst in roten und goldenen Farben inklusive einer großen Schleife erhöht den Wert von Geschenken sichtlich. Weiß ist dagegen eine Trauerfarbe und deshalb für Geschenke, Verpackungen und Blumenbuketts nicht ge-

---

[19] Vgl. hierzu ausführlich Abschnitt 3.7

eignet. Dunkle Farben und Schwarz stehen ebenfalls für Schmerz.

- Auch die bereits angesprochene Zahlensymbolik[20] spielt in China bei Geschenken eine große Rolle.
- Auch sollten Sie darauf verzichten, einem chinesischen Gastgeber oder seiner Frau Blumen mitzubringen. Dieses in Europa zu fast jeder Gelegenheit beliebte und passende Geschenk wird in China vor allem bei Todesfällen geschenkt.
- Auf ein Geschenk wird i.d.R. ein Gegengeschenk erwartet.
- Grundsätzlich gilt in China die Regel: je wichtiger das Ereignis, desto teuer das Geschenk. Dabei ist es oft schwierig, das richtige Maß zu finden. Ein zu billiges Geschenk würde den Beschenkten beleidigen, ein zu teures Geschenk kann den Beschenkten in Verlegenheit bringen.

Das Finden eines guten Geschenks für einen chinesischen Geschäftspartner ist jedoch gar nicht so schwierig. Die nachstehende Übersicht vermittelt Ihnen einen Eindruck zu guten und weniger guten Geschenken für Chinesen (Tabelle 5).

---

[20] Vgl. hierzu ausführlich Abschnitt 3.7

Tabelle 5: Passende und unpassende Geschenke

Passende Geschenke	*Unpassende Geschenke*
• **Geschenke mit einem gewissen Erinnerungscharakter, z.B. Füller oder Kugelschreiber mit Firmenlogo**	• Weiße Kerzen
• **Teure Spirituosen (z.B. einen guten Cognac), guten Rotwein oder dt. Biersorten**	• Regenschirm, assoziiert Trennung und Auseinandergehen
• **Hochwertige (Lindt-)Pralinen oder Schokolade**	• Grüne Mütze (Lü Maozi), steht für Jemandem Hörner aufsetzen
• **Obstkorb**	• Produkte „Made in China“
• **Französisches Parfum**	• Milchprodukte
• **Schwarzwälder Kuckucksuhr**	• Wanduhr, assoziiert Tod. Ausnahme: Schwarzwälder Kuckucksuhr
• **Schweizer Taschenmesser, höchst beliebt bei Chinesen**	• Messer, Schere (stehen für Trennung), Ausnahme: Schweizer Messer
• **Italienische Tasche**	
• **Hochwertiger Bildband**	
• **Typische Mitbringsel aus der Heimat: Bierkrug, Mozartkugeln o.ä.**	
• **Zur Hochzeit werden Kochtöpfe oder Geld geschenkt**	
• **Zum Geburtstag werden oft Kalligraphien oder Gemälde verschenkt**	

(Quelle: Eigene Darstellung)

Beachten Sie bitte bei besonders wertvollen Geschenken auch die große Beliebtheit von Gold in China. Es zählt in China zu den fünf Elementen des Lebens. Als Ausdruck von Reichtum und Wohlstand sind goldene Gegenstände daher sehr beliebt. Im Gegensatz zu Deutschland, wo man seinen Wohlstand eher dezent zu verstecken versucht, ist es in China ganz normal, seinen finanziellen Erfolg stolz und offen zu zeigen. In China ist die offene Präsentation der eigenen Reichtümer üblich und gilt nicht als protzig. Von Chinesen wird dies eher als Ansporn aufgefasst, es durch Fleiß und Arbeit auch einmal so weit zu bringen.

3.6 Telefonieren in China

Das Festnetz ist in China insbesondere in den großen Städten ausgebaut. In schlechter erschlossenen Gebieten telefoniert man über das Internet oder das Handy. Da Chinesen sehr technikbegeistert sind, werden solche neuen Medien von einer breiten Öffentlichkeit genutzt.

Wenn Sie in China telefonieren, so müssen Sie sich möglicherweise erst einmal an den zuerst recht barschen Umgangston am Telefon gewöhnen. In China meldet man sich nicht mit geschliffenen Begrüßungsformeln und dem eigenen Namen, ein einfaches „Wei“ (Hallo) ist die Regel. Auch Anrufer werden nicht immer Ihren Namen nennen. Nehmen Sie das nicht persönlich, dieses Verhalten ist in China üblich.

Fragen Sie am Telefon immer höflich nach dem Namen Ihres Gesprächspartners und bleiben Sie freundlich. Sie werden sehen, dass das Gespräch dann doch noch eine freundliche Wendung nimmt!

4 Erfolgreiches Arbeiten mit Chinesen

In China ticken die Uhren im Arbeitsalltag anders als in Deutschland. Chinesen arbeiten oft sehr lange und sogar am Wochenende. Auch die deutsche Verbindlichkeit der Urlaubsplanung, des Feierabends und die Bedeutung der vielfältigen Freizeitaktivitäten ist für Chinesen oft unverständlich. Der soziale Aufstieg ist in China das erklärte Ziel und dafür wird hart gearbeitet. In China ist Karriere auch in der Regel mit der Abkehr von körperlicher Arbeit und ausführenden Tätigkeiten verbunden.

4.1 Dresscode in China

Als Deutscher in China birgt der Dresscode für Sie nicht besonders viele Fallstricke. Die Kleiderwahl für Geschäftsleute läuft im Reich der Mitte sehr viel entspannter ab, als das beispielsweise in England oder den USA der Fall ist.

Man erwartet von Ihnen gepflegte Businesskleidung. Bei offiziellen Terminen ist für Männer ein normaler dunkler Businessanzug mit Krawatte empfehlenswert. Im täglichen Geschäftsleben reicht für Männer oft sogar eine gute Hose mit Hemd.

Frauen sollten sich für ein neutrales Kostüm entscheiden und wenig Haut zeigen. Wichtig ist vor allem, dass Sie auch bei hohen Temperaturen immer geschlossenes Schuhwerk tragen. Sandalen oder Sandaletten sind bei offiziellen Terminen auch für Frauen tabu.

4.2 Business-Etikette

Dauerhafte Beziehungen zu chinesischen Mitarbeitern und Geschäftspartnern basieren in der Regel auf guten persönlichen Kontakten. Die Sachebene steht nicht so sehr im Vordergrund wie in Deutschland, die Beziehungsebene ist in China sehr viel entscheidender für erfolgreiche Geschäfte.

Auch bei geschäftlichen Kontakten haben demnach fast immer persönliche und private Aspekte Einfluss auf den Erfolg. Harmonie in den Geschäftsbeziehungen ist Chinesen oft wichtiger als der kurzfristige wirtschaftliche Erfolg. Europäer tun sich mit dieser chinesischen Besonderheit oft sehr schwer. Bei geschäftlichen Treffen sollte man immer erst einmal eine harmonische Atmosphäre schaffen, bevor man viel später auf die geschäftlichen Aspekte zu sprechen kommt.

Das gesellige Beisammensein von Kollegen nach Feierabend ist ebenfalls ein Muss und fast schon Bestandteil der Arbeit. Deutsche mit Führungspositionen in China sollten daher mit ihren Mitarbeitern sehr viel mehr Freizeit als in Deutschland verbringen.

In China, wie fast überall in Asien, gibt es ein sehr starkes Statusdenken. Scheuen Sie sich daher nicht, nebenbei von Ihrer Zugehörigkeit zu exklusiven Vereinen oder der Bekanntschaft mit wichtigen Leuten zu sprechen. In China ist dies üblich und es kann Ihnen große Anerkennung verschaffen.

Das Statusdenken ist in China an vielen Dingen erkennbar. Die höchstrangige Person betritt immer als Erste den Raum, um sich dann an den wichtigsten Vertreter der anderen Gruppe beziehungsweise den Gastgeber zu wenden. Alle Anwesenden begrüßen sich schließlich entsprechend ihrem Status. Dabei schüttelt man mit leichter Verbeugung sanft die Hände.

Auch ist es gerade in China von ganz besonderer Bedeutung, sich bereits im Vorfeld über den neuen Geschäftspartner und das Projekt sorgfältig zu informieren. Auftrumpfen können Sie in China dann im Gespräch durch gezieltes und sparsames Fragenstellen. Dominantes Auftreten und das Protzen mit Sachkenntnissen erweckt in China keinen guten Eindruck.

Bei geschäftlichen Treffen werden Sie es immer wieder erleben, dass Lob für das chinesische Gastland und das Bemühen um die chinesische Sprache[21] mit großem Wohlwollen aufgenommen werden. Geben Sie also immer wieder einen Hinweis auf Ihre Eigenschaft als großer Bewunderer der jahrtausende alten chinesischen Kultur und lernen Sie ein paar Brocken chinesisch: „ni hau“ (Hallo und Guten Tag), „xiexie“ (Danke) und „hen hao“ (sehr gut) sind gute Anfänge dafür.

Die klare Artikulierung der eigenen Meinung ist in China nicht üblich und gilt als unhöflich. Reden Sie ein bisschen um das Thema herum und bauen Sie mittels Small Talk eine positive Atmosphäre auf. Lassen

---

[21] Weitere Informationen zur chinesischen Sprache beinhaltet Anhang 4.

Sie Ihren Gesprächspartner nur durch Nebensätze wissen, was Sie wirklich denken.

Das direkte Ansprechen von Problemfeldern ist nicht anzuraten. Äußern Sie keine Kritik (weder direkt noch indirekt), da diese der Atmosphäre schaden könnte. Suchen Sie dagegen nach Harmonie.

4.3 Führungsstil

Führungskräfte in China müssen sich an die Gegebenheiten des Landes anpassen. Ihre chinesischen Mitarbeiter werden von ihnen vor allem die nachstehenden Verhaltensweisen erwarten:

- Vorgesetzte sollen vaterähnliche Figuren sein und sich paternalistisch verhalten;
- In China erfolgt wenig Delegation nach unten. Konsultation und laufende Führung sind dafür wichtig;
- Die Führungskraft hat alle Aufgaben genau zu spezifizieren. Follow-Ups und Kontrolle bzgl. der Aufgabenerfüllung sind laufend notwendig und wichtig;
- Von Führungskräften wird Fürsorge und das Eingehen einer nahen persönlichen Beziehung zu jedem Mitarbeiter erwartet;
- Führungskräfte können in China besonders erfolgreich die Möglichkeiten extrinsischer Motivationsinstrumente nutzen. Im Sinne des Unternehmenserfolges sollten Sie dabei folgende Verhaltensweisen besonders fördern:
    - Innovation und Kreativität;

- Ehrgeiz (bezogen auf die Qualität der Arbeit, nicht bezogen auf das Fortkommen in der Karriereleiter);
- Hartnäckigkeit und Ausdauer;
- Langfristorientierung;
- Rationalität statt Emotionalität;
- Übernahme von Verantwortung;
- Wahrheitsliebe;
- Pünktlichkeit, realistische Einschätzung von Zeit;
- angenehme Interaktionen zwischen dem Mitarbeitern;
- Kommunikation zwischen oben und unten;
- Unabhängigkeit als Übernahme delegierter Verantwortung.

Von Managern in China wird Führung im engeren Sinn erwartet. Sie werden daher deutlich mehr Arbeitszeit für Führungsarbeit einplanen müssen als Sie dies in Deutschland je tun würden.

Dabei ist gegenüber Mitarbeitern **niedriger Einkommensklassen** (Arbeiter, Wachpersonal, Bürohilfen) ein Führungsstil angemessen, der auf eindeutige Anweisungen und Durchführungskontrollen setzt. Folgende Aspekte sind dabei ganz besonders von Bedeutung:

- Fairness und Gleichbehandlung der Mitarbeiter;
- eigenes vorbildliches Verhalten (z.B. Pünktlichkeit);
- Konsequenz und Berechenbarkeit, Stetigkeit der Argumentation;
- freundlicher Umgangston, auch bei kleineren Konflikten;
- Distanz, aber auch Interesse für persönliche Notlagen der Mitarbeiter;
- Entscheidungsstärke und Beharrlichkeit .

Gegenüber Mitarbeitern im Management und spezialisierten Kräften in **mittleren und höheren Einkommensklassen** ist auch in China ein liberalerer und offener Führungsstil üblich. Hier wird stärker auf Eigenverantwortung, Freiraum und Teamwork gesetzt. Nicht alle Mitarbeiter können damit umgehen. Daher ist es auch besonders wichtig, Ziel und Richtung vorzugeben und laufende Zielerreichungskontrollen durchzuführen. Hilfreich ist dabei die Berücksichtigung folgender Anregungen:

- Beziehen Sie Mitarbeiter mit der entsprechenden Leistungsbereitschaft und dem richtigen Potenzial konsequent in den Entscheidungsprozess ein;
- Fordern Sie eine laufende Präsentation von Ergebnissen und Erfolgen der Arbeitsfortschritte;
- Bieten Sie Ihren Mitarbeitern in regelmäßigen Abständen Hilfe an.

Eine besondere Herausforderung stellt häufig das Führen **chinesischer Manager** der oberen Ebene dar. Diesen oft klugen, international erfahrenen und durchsetzungsstarken Persönlichkeiten bleiben Schwächen einer deutschen Führungskraft nicht verborgen und sie nutzen diese Schwächen bei Gelegenheit oft gnadenlos aus. Wenn die persönlichen Karriere- und Machtinteressen über den Interessen der Firma stehen, so ist eine eindeutige Positionsklärung und Zurechtweisung von Zeit zu Zeit sinnvoll.

Bei nachhaltigen Führungsproblemen in China ist in vielen Fällen festzustellen, dass die Ursache meist nicht darin lag, dass die Führungskraft zu wenig autoritär war, sondern dass sie zu wenig Führung zeigte!

4.4 Meetings

Bei einem Meeting in China ist auf einige Dinge ein besonderes Augenmerk zu richten. Insbesondere betrifft dies die Aspekte Sitzordnung, Gesprächsführung, Dolmetscher, Kreativitätstechniken und Informationsfluss. Diese Aspekte werden nachfolgend näher beleuchtet:

In China spielt die Sitzordnung – wie viele anderen symbolträchtigen Dinge auch - eine große Rolle. Beachten Sie daher die folgenden Dinge:

- Bei gemischten Konferenzen sitzen die Teilnehmer nicht gemäß ihren Abteilungen, sondern ihrer Nationalität.
- Der Ranghöchste sitzt traditionell in der Mitte und eröffnet das Gespräch mit einer Begrüßung. Er fungiert auch als Gesprächsführer und erteilt den anderen Teilnehmer jeweils das Wort. Aufgrund der starken Hierarchienorientierung prägt der Ranghöchste die Position seiner Mitarbeiter.
- Entscheidungen sind nur von Vorgesetzten zu erwarten. Vertreter niedrigerer Ebenen müssen für Entscheidungen erst Rücksprache halten.
- Ärgerlich sind in China oft die vielen Unterbrechungen von Meetings durch Telefonate, Sekretärinnen, Besuche o.ä. In der chinesischen Kultur ist dies normal.

- Informationen sind in China kein allgemeines Gut. Rechnen Sie also nicht damit, dass Sie in einer Konferenz Hintergrundinformationen bekommen. Diese können Sie nur in Vier-Augen-Gesprächen erwarten, u.U. auch dann, wenn alle Teilnehmer der Sitzung hierarchisch auf gleicher Stufe stehen.
- In chinesischen Meetings ist Widerspruch nicht üblich und wird als Beleidigung aufgefasst. Hingegen wird nach Gemeinsamkeiten und einer gemeinsamen Position gesucht.
- Auch direkte Kritik und sogar kurze und klare Antworten ohne höfliche Beiworte werden in China als Unfreundlichkeit aufgefasst.
- Ein Brainstorming ist in China eine schwierige Angelegenheit. Viele Chinesen können mit einem solchen dynamischen Prozess schlecht umgehen, da ihre Kultur sie dazu anleitet, sich vorher intern abzustimmen. Denken Sie also darüber nach, vor Beginn einer Brainstormingsitzung den Teilnehmern die Themen einzureichen, sodass eine vorherige interne Abstimmung erfolgen und das Ergebnis kollektiv vertreten werden kann. Ansonsten können Sie damit rechnen dass es beim Brainstorming kaum Wortmeldungen von Chinesen geben wird.
- In China sind auch andere Regeln der Informationsstrukturierung zu beachten. Diese sind in Tabelle 6 zu finden.

Tabelle 6: Regeln zur Informationsstrukturierung

In Deutschland	*In China*
• **Fragen werden nach Priorität erörtert. Die wichtigsten Fragen werden zuerst angesprochen.**	• Fragen werden nach dem Steigerungsprinzip erörtert. Die wichtigsten Fragen kommen zuletzt.
• **Diskussion wird durch Sachlichkeit beherrscht. Pro und contra werden diskutiert. Das bessere Argument setzt sich durch.**	• Widerspruch und Gegenargumente werden als Angriff verstanden.
• **Trennung von Person und Sache**	• Einheit von Person und Sache. Meinung gilt als Teil der Persönlichkeit. Person geht vor Sache.
• **Informationen werden en bloc geliefert. Erst nach Erläuterung aller Informationen werden Erklärungen geliefert**	• Informationen werden stark fragmentiert.
• **Zentrieren und Fokussieren. Auf überflüssige Details wird verzichtet.**	• Konzentration auf Details. Einzelheiten und Details werden als wesentlich betrachtet.
• **Berücksichtigung der Antithese.** • **Möglichkeiten zum Widerspruch werden bewusst gegeben.**	• Betonung der Synthese. Möglichkeiten der Zustimmung werden bewusst gegeben.
• **Betonung der Wichtigkeit durch sprachliche Akzentuierung.**	• Betonung der Wichtigkeit erfolgt durch Wiederholungen.

(Quelle: Eigene Darstellung)

4.5 Teamarbeit

Aufgrund der starken Hierarchieorientierung der Chinesen ist Teamarbeit oft mit Schwierigkeiten behaftet. So werden in China Anweisungen grundsätzlich nur von oben akzeptiert. Aufgabenbereiche sind in China streng voneinander abgegrenzt und eine Einwirkung in andere Bereiche ist nicht üblich. Teambildung im deutschen Sinn wird es kaum geben, da die Chinesen die Idee von gleichberechtigten Kollegen nicht internalisieren werden. Für Sie wird die Loyalität zu ihrer Gruppe und ihrem Vorgesetzten an erster Stelle kommen. Auch persönliche Beziehungen sind an die eigenen Personen gebunden und werden anderen gegenüber nicht gern geöffnet. Fach- und abteilungsübergreifende Teamarbeit ist daher in China nur schwierig zu realisieren.

Für den Erfolg eines Teams spielt natürlich der Chef die klar dominierende Rolle. Er ist derjenige, der den Ton angibt bei der Definition der Ziele und der Analyse der Lösungswege. Alle wichtigen Entscheidungen müssen vom Vorgesetzten getroffen werden, das Team selbst wird dies nie tun. Weiterhin muss er die Aufgaben strukturieren, Zwischenziele und Meilensteine selbst formulieren und eine klare Aufgabendelegation vornehmen.[22]

Empfehlungen für die **Planungsphase**:

Räumen Sie der Planungsphase ausreichend zeitlichen Raum ein. Als Chef erwartet man von Ihnen, dass Sie die Überlegungen zu Vor- und

---

[22] Berücksichtigen Sie bei der Terminplanung unbedingt die chinesischen Feste und Feiertage (siehe Anhang 6).

Nachteilen sowie Chancen und Risiken sammeln. Außerdem sollten Sie die Interaktionen dominieren und Entscheidungen selbst treffen. Ihre Mitarbeiter werden indirekt kommunizieren.

Empfehlungen für die **Ausführungsphase**:
Hier werden die in der Planungsphase definierten Aufgaben ausgeführt. Fragen Sie als Chef immer nach und überprüfen sie laufend den Arbeitsfortschritt. In China ist das Chefaufgabe. Chinesen sehen eine Bitte um Hilfe als Gesichtsverlust. Sie werden daher von sich aus nicht um Hilfe anfragen. Bieten Sie also immer wieder Ihre Hilfe von sich aus an.

Die Anzahl der laufenden Überprüfungen signalisiert die Wichtigkeit des Projektes. Die Reviews werden vom Chef organisiert, kontrolliert und geleitet. Sie sind insbesondere in den folgenden Fällen durchzuführen:

- wenn ein Zwischenziel oder ein Meilenstein erreicht ist;
- wenn höhere Managementlevel den Fortgang des Projekts wissen wollen;
- vor einem Kundenbesuch;
- nach einer spezifischen Zeitspanne;
- bei unvorhergesehenen Problemen;
- aufgrund neuer Vorgaben höherer Management-Ebenen;
- bei geänderten Kundenwünschen.

Nach der Besprechung wird der Plan, wenn nötig, in passender Weise modifiziert. Anders als in Deutschland üblich, ist der Plan also eine sehr variable Größe. Chinesen planen daher eher wenig und arbeiten oft mach dem Prinzip Trial and Error. Die Ausführungsphase gleicht somit in China häufig einem iterativen Prozess, der so lange durchlaufen wird, bis das Endziel erreicht ist.

4.6 Training chinesischer Mitarbeiter

Bei einem Training für chinesische Mitarbeiter müssen Sie umdenken. Zwar ist die Atmosphäre in einem Workshop mit Chinesen oft sehr angenehm, denn in China jeder wird ein Lehrer bzw. Coach grundsätzlich mit großem Respekt behandelt. Schüler und Studenten widersprechen kaum oder wenig, denn der Lehrer gilt als Autorität, dessen Wissen nicht angezweifelt wird. Auch jede Initiative muss vom Coach ausgehen, er ist der aktive Part im Trainingsprozess. Ein Training, ein Workshop oder ein Seminar gleichen in China also eher einer deutschen Vorlesung. Am Ende der vermittelten Inhalte stellt der Lehrer den Schülern Fragen, um so sicher zu gehen, dass das Gesagte verstanden wurde. Diese Fragen sind unbedingt notwendig, denn ein Teilnehmer des Trainings, der etwas nicht verstanden hat, fragt normalerweise nicht nach, da er sich und den Lehrer nicht blamieren will.

Der Trainingserfolg bei chinesischen Mitarbeitern ist also nur durch eine kulturspezifisch angepasste pädagogisch didaktische Herangehensweise zu erreichen. Nachfolgend finden Sie einige besonders beachtenswerte Aspekte:

- Ihre chinesischen Mitarbeiter werden abstrakten Stoff nur schwer verstehen. Arbeiten Sie im Training mit zahlreichen Beispielen, welche die Mitarbeiter auch verstehen. Führen Sie zuerst die Beispiele an und erklären erst dann die zugrundeliegenden Prinzipien.

- Wiederholen Sie besonders wichtige Aspekte ruhig mehrfach. Wiederholungen unterstreichen in der chinesischen Kultur die Bedeutung.
- Stellen Sie bei Ihren chinesischen Mitarbeitern nichts zur Diskussion. Das sind sie nicht gewöhnt. Sie sollten auf alles selbst eine Antwort finden, am besten eine einfache Antwort.
- Auch das in Deutschland manchmal genutzte Prinzip „Aus-Fehlern-wird-man-klug“ ist in China zu vermeiden. Der Coach sollte auf keinen Fall zu didaktischen Zwecken Fehler demonstrieren oder lange erörtern. Chinesen erwarten von einem „Lehrer“ Perfektion. Jegliche Demonstration von Fehlern sind sie nicht gewöhnt und macht bei ihnen einen schlechten Eindruck.
- Vermeiden Sie während eines Trainings, dass ein Teilnehmer das Gesicht vor den anderen verliert.
- Wenn Sie neue Methoden einführen wollen, so müssen sie ausführlich und anschaulich den Sinn dieser Techniken kommunizieren.

Missverstehen Sie Ihre Teilnehmer nicht. Nickt ein Chinese, so bedeutet dies noch lange nicht, dass er Sie auch tatsächlich verstanden hat.

4.7 Aufgabendelegation und Mitarbeitermotivation

Sie werden es sicher mehrfach erleben, dass Aufgaben von einem chinesischen Mitarbeiter nicht oder nicht wunschgemäß erledigt werden. Dafür gibt es aber oft auch Gründe, die meistens in kulturell bedingen Kommunikationsschwierigkeiten liegen.

Achten Sie also unbedingt auf die folgenden Aspekte:

- Oft hat ein chinesischer Mitarbeiter die Aufgabenstellung - mitunter auch aufgrund sprachlicher Probleme - nicht richtig verstanden, nickt aber trotzdem. Versichern Sie sich also unbedingt, dass er seine Aufgabe richtig verstanden hat. Wiederholungen und gezielte Verständnisfragen sind dazu ein gutes Mittel. Formulieren Sie Anweisungen präzise und detailliert. Fordern Sie Zwischenberichte und überwachen Sie die Entwicklung der Aufgabenbearbeitung.
- Chinesische Mitarbeiter werden es Ihnen nicht offen zeigen oder sagen, wenn Sie überfordert sind. Machen Sie sich also immer Gedanken darüber, ob der Mitarbeiter die Aufgabe auch wirklich ausführen kann. Achten sie auf jedes Feedback des Mitarbeiters und bieten Sie gegebenenfalls Hilfe an.
- Missverständnisse entstehen auch deswegen, weil ein Mitarbeiter den gesetzten Zeitrahmen nur als grobe Empfehlung versteht. Formulieren Sie wichtige Zeitpläne und Meilensteine also in einer für klar verbindlichen Form. Überwachen Sie den Projektfortschritt laufend.

Bezüglich der Mitarbeitermotivation sind in China Besonderheiten zu beachten. Insbesondere die folgenden Faktoren können zur Mitarbeitermotivation genutzt werden:

- Finanzielle Anreize (Bonus etc.);
- Karrierechancen;
- hoher Grad an Selbständigkeit;
- Abwechslungsreiche Tätigkeit;
- Möglichkeit eines längeren Auslandaufenthaltes;
- Möglichkeit der Weiterbildung.

Grundsätzlich unterscheidet man zwischen materiellen und immateriellen Instrumenten zur Mitarbeitermotivation. Diese werden in Tabelle 7 illustriert.

Tabelle 7: Motivationsinstrumente

Materielle Motivationsinstrumente	***Immaterielle Motivationsinstrumente***
• **Sachleistungen**	• Lob in der Gruppe
• **Urlaubsgeld**	• Bezeugung von Respekt
• **Leistungsorientierter Lohn**	• Fürsorglichkeit der Vorgesetzten
• **Prämien**	• Familiäre Atmosphäre
• **Lohngleichheit zwischen Deutschen/Chinesen**	• Statusförderung
• **Zuschläge für Fahrkosten, Kindergarten, Schule**	• Risikominderung für Mitarbeiter
• **Zuschläge für Wohngeld, Essen, Kälte, Hygiene, Bücher**	• Strukturierte Aufgabenzuteilung
• **Gesetzliche Sozialleistungen (Renten, Kranken u. Arbeitslosenversicherung)**	• Schaffung einer guten Arbeitsatmosphäre • Detaillierte und schriftliche Stellenbeschreibung

(Quelle: Eigene Darstellung)

4.8 Konfliktbewältigung

Konflikte haben in China meistens andere Ursachen als in Deutschland. Da in China die Beziehungsebene im Fokus steht, haben Konflikte und Schwierigkeiten in der Regel auch auf dieser Ebene ihre Ursachen.

Häufige **Konfliktursachen in China sind nachstehend aufgelistet**:

- mangelnde Statusakzeptanz;
- fehlende Akzeptanz der Person;

- fehlende Führungsqualität;
- öffentliche Besserwisserei und Kritik;
- mangelnde Selbstbeherrschung, Aggressivität;
- Vernachlässigung der Beziehungsebene.

Einer der häufigsten und fatalsten Fehler von Deutschen in China ist es z.B., dass sie jemanden in Anwesenheit von Untergebenen kritisieren. Das stellt den kritisierten Chinesen unverzeihlich bloß und wird einen Konflikt nach sich ziehen.

Negative Vorfälle auf der Sachebene, wie sie in Deutschland häufig zu Konflikten führen würden, sind dagegen in China eher zweitrangig. Wegen nicht erbrachter Leistungen, nicht eingehaltener Absprachen, fehlender fachlicher Qualifikation, mangelnder Disziplin oder Vernachlässigung der Arbeit wird in China nicht so häufig ein größerer Konflikt entbrennen.

Aufgrund der kulturspezifischen Besonderheiten wird in China auch anders mit Konflikten umgegangen:

- Konflikte werden gerne überhört, übersehen und übergangen;
- Konflikte werden meist durch einen Umweg zu bereinigen versucht;
- Mit höher stehenden Personen wird kein Konflikt eingegangen;
- Appelle an Gemeinsamkeiten sollen Konfliktherde löschen;
- Konflikte werden gern entschärft und banalisiert;

- Passiver Widerstand stellt die höchste Eskalationsstufe dar. Es erfolgt eine stille Verweigerung und Absprachen werden nicht eingehalten;
- Bei unerträglichen Konflikten mit dem Chef wird ein Konflikt nicht ausgetragen, sondern es erfolgt ein Arbeitsplatzwechsel;
- Die Lösung von Konflikten erfolgt meistens durch einen neutralen Vermittler.

Auch wenn es zum deutschen Repertoire gehört, offene Worte und Kritik sind in China in der Regel nicht zielführend, sie bewirken eher das Gegenteil. Bleiben Sie immer höflich und lassen Sie es nicht zu Konflikten kommen.

4.9 Zehn Tipps für den Umgang mit Chinesen

Einige zentrale Aspekte im Umgang mit chinesischen Geschäftspartnern und Kollegen sollen hier noch einmal zusammengefasst werden:

1. Ihre chinesischen Geschäftspartner brauchen den persönlichen Kontakt zu Ihnen. Stellen Sie unbedingt eine persönliche und zwischenmenschliche Ebene mit ihnen her. Plaudern Sie viel mit den Leuten. Fördern Sie das wechselseitige Kennenlernen aller am Geschäft oder an der Arbeit beteiligten Personen. Entwickeln Sie dabei Vertrauen und gegenseitige Sympathie. Liefern Sie ohne Bedenken persönliche Informationen, wenn Sie darum gefragt werden. Berichten Sie von Ihrer persönlichen Lebenssituation und ihren Lebensumstän-

den. Vermeiden Sie es dabei jedoch, Dinge zu sagen, durch die Sie unberechenbar erscheinen oder welche Ihre Ehre beschädigen könnten. Ziel muss es sein, die Unterscheidung zwischen persönlicher und beruflicher Beziehung zu verringern. Ihr Gegenüber braucht zuerst solide Beziehungen, bevor er mit Ihnen Geschäfte machen will und kann.

2. Bewahren sie auch im Bewusstsein, dass Ihr Gegenüber noch andere Verpflichtungen hat. Seien Sie daher in China auch immer besonders geduldig und pflegen Sie die Beziehungen langfristig. Loyalität können Sie dann erwarten, wenn zwischen den Partnern eine längerfristige und freundschaftliche Beziehung besteht und/oder Sie Mitglied derselben Gruppe sind.
3. Über das chinesische Harmoniebedürfnis wurde in diesem Buch schon viel gesprochen. Sorgen Sie daher stets für Harmonie. Dies ist in China sehr viel wichtiger, als offen und ehrlich zu sein. Bewahren Sie daher immer die Kontrolle und zeigen Sie negative Gefühle nie offen.
4. Vermeiden Sie möglichst auch offene Konfrontationen. Formulieren Sie negative Kritik höchstens indirekt. Besprechen Sie kritische Themen nur zu einer geeigneten Zeit an einem geeigneten Ort.
5. Passen Sie Ihr Verhalten an das in China herrschende starke Hierarchiebewusstsein an. Haben Sie in jedem Meeting die Hierarchie im Blick und differenzieren Sie Ihr Benehmen je nach Hierarchieposition. Zeigen Sie gegenüber ranghohen Personen Respekt und gehen Sie offen auf rangniedere Per-

sonen zu. Behalten Sie die Meinungen und Einstellungen der übergeordneten Autorität Ihres Geschäftspartners im Auge, denn ein Großteil seines Verhaltens wird sich danach ausrichten.

6. Zeigen Sie eine positive Einstellung zu allen Dingen. Nörgler und Schwarzseher kommen in China nicht gut an.
7. Berücksichtigen Sie die starke Bedeutung des chinesischen Symbolglaubens und machen Sie sich dies zunutze.
8. Vermeiden Sie die Verletzung chinesischer Tabus unter allen Umständen.
9. Kleine Geschenke erhalten die Freundschaft – besonders in China!
10. Wann immer Sie sich unsicher sind, was Sie wie machen sollen, klären Sie Ihre Zweifel im Gespräch mit einem Ihnen etwas vertrauteren Chinesen.

5 Fazit

Wenn Sie als Führungskraft in China tätig sind, so werden Sie unweigerlich Fehler begehen. Nicht immer haben diese Fehler schlimme Auswirkungen, denn als Deutscher werden Sie in China eine Art von Welpenschutz genießen.

Trotzdem werden Sie bei Ihrer Arbeit in China nur dann langfristig Erfolg haben, wenn Sie sich den neuen Herausforderungen stellen und sich der chinesischen Kultur anpassen. Eine Einführung in die zentralen Aspekte der chinesischen Geschäftskultur hat Ihnen das vorliegende Buch gegeben. Es liegt nun an Ihnen, Ihr Wissen anzuwenden und die Arbeit in China erfolgreich zu gestalten.

Bedenken Sie dabei immer, dass sie mit der Lektüre dieses Buches einen kleinen aber wichtigen Schritt gegangen sind. Noch viele weitere Schritte zum besseren Verständnis der chinesischen Kultur liegen vor Ihnen. Dazu wird es auch gehören, dass sie sich mit dem Anhang beschäftigen. Dort sind weitere Informationen u.a. zu Geographie, Demographie oder Philosophie von China zusammengestellt. Ihre chinesischen Geschäftspartner sind stolz auf ihr Land und Sie werden es mit großer Freude und Genugtuung aufnehmen, wenn Sie ein profundes Wissen über China zeigen. Lernen Sie weiter und halten es dabei mit Konfuzius: „Wenn du die Absicht hast, dich zu erneuern, tu es jeden Tag!“

Anhang 1: Geographie von China

Die Volksrepublik China ist das drittgrößte Land der Erde mit einer Fläche von 9,6 Mio. km^2 (inkl. Taiwan, Hongkong und Macao). Die Vielzahl an Nachbarn[23] und die strategische Lage am stillen Ozean[24] macht China aus geographischer Sicht zu einem der attraktivsten Standorte in Asien.

Die administrative Einteilung von China ist für einen Europäer zuerst schwer zu durchschauen. So existiert eine Einteilung nach Provinzen, autonomen Gebieten und regierungsunmittelbaren Städten:

- 22 Provinzen;
- 5 autonome Gebiete;
- 4 regierungsunmittelbare Städte;
- 2 Sonderverwaltungszonen mit weitgehender Autonomie der politischen Struktur, des Wirtschaftssystems sowie des Kultur- und Bildungssystems;
- Taiwan (behandeln Sie Taiwan am besten als Tabuthema).

Die 23 Provinzen stellen die wichtigsten Verwaltungsebenen nach der chinesischen Regierung in Peking dar. Die großen Provinzen in China,

---

[23] China grenzt an Afghanistan, Bhutan, Indien, Kasachstan, Kirgisistan, Laos, Mongolei, Myanmar, Nepal, Nordkorea, Pakistan, Russland, Tadschikistan und Vietnam.

[24] China wird begrenzt vom Bohai-Meer, dem Gelben Meer sowie der Ost- und Südchinesischen See.

z.B. Henan oder Anhui haben fast hundert Millionen Einwohner und sind somit sogar größer als Deutschland. Tabelle 8 zeiht die 23 Provinzen der Volksrepublik China in der Übersicht.

Tabelle 8: Chinesische Provinzen

Anhui	Hebei	Jiangxi	Shanxi
Fujian	Heilongjiang	Jilin	Sichuan
Gansu	Henan	Liaoning	Yunnan
Guangdong	Hubei	Qinghai	Zhejiang
Guizhou	Hunan	Shaanxi	Taiwan[25]
Hainan	Jiangsu	Shandong	

(Quelle: Eigene Darstellung)

Die autonomen Gebiete der Volksrepublik China genießen besondere Privilegien für die dort lebenden Nationalen Minderheiten. Sie umfassen die folgenden chinesischen Regionen:

---

[25] China selbst sieht Taiwan als seine 23. Provinz an, ebenso erkennen fast alle unabhängigen Staaten Taiwan nicht als eigenen Staat an, sondern nur als Teil von China, daher habe ich ihn hier in die Liste mit aufgenommen. Jeder mag seine eigene Meinung dazu haben.

- Guangxi;
- Nei Mongol (Innere Mongolei);
- Ningxia;
- Xinjiang;
- Xizang (Tibet).

Die vier Städte mit Provinzstatus werden regierungsunmittelbare Städte genannt:

- Beijing;
- Chongqing;
- Shanghai;
- Tianjin.

Die Sonderverwaltungszonen (SVZ) waren bis vor wenigen Jahren noch von Großbritannien bzw. Portugal militärisch besetzt und wurden friedlich an China zurückgegeben. China hat sich im Gegenzug verpflichtet, dass beide Gebiete für mindestens 50 Jahre ein besonderes Niveau an Eigenständigkeit genießen. Diese Sonderverwaltungszonen der Volksrepublik China sind:

- Hongkong;
- Macau.

Anhang 2: Demographische Basisdaten von China

In China leben rund 1,3 Milliarden Menschen, das sind etwa 20% der Weltbevölkerung. China ist somit das das meistbevölkerte Land der Erde. Die Bevölkerungsdichte beträgt rund 134 Menschen pro Quadratkilometer.[26] Die Bevölkerung ist aber regional sehr unterschiedlich verteilt. So leben rund 90% der gesamten Bevölkerung östlich der Linie Heihé–Téngchong und somit in einem relativ schmalen Streifen entlang der Küste.

China wird durch insgesamt 56 Nationalitäten gebildet, mit 91,6% wird aber die große Mehrheit der Gesamtbevölkerung durch die Han-Chinesen gestellt. Von den anderen 55 Nationalitäten sind insbesondere die Mongolen, die Tibeter und die Uigren in Deutschland bekannt.

Der Versuch, die einzelnen Nationalitäten nach Ihren Besonderheiten zu charakterisieren, kann natürlich nur unvollkommen gelingen. Trotzdem sollen hier einige Charakteristiken genannt werden:

- Nordchinesen: Sie gelten als vergleichsweise kräftig, groß und eher derb. Sie werden als herzlich, offen und ehrlich charakterisiert. Männer gelten als Machos und gehen für ihre Freunde durchs Feuer Sie lassen Fäuste sprechen und werfen den Südchinesen Hinterhältigkeit vor;
- Südchinesen: Sie sind eher klein, zierlich und eher zartfühlend. Sie sind flexibel und entscheiden selten spontan. Sie erwägen

[26] In Deutschland beträgt die Bevölkerungsdichte 230 Menschen pro Quadratkilometer.

Vor- und Nachteile gründlich. Die Frauen gelten als grazil. Südchinesen machen sich mitunter über die plumpe Art der Nordchinesen lustig.

- Mongolen: Gelten als kämpferisch, stark und stabil.
- Shanghaier: Charakterisiert man in China als kleinlich und geizig.
- Sichuaner: Gelten als tüchtig und Scharfzüngig. Die Frauen werden für ihre Schönheit gerühmt.
- Kantonesen: Bezeichnet man als genussliebend und unternehmungsslustig.

In China sind auch eine Fülle an Sprachen existent. Die hanchinesische Sprache wird von den Han-Chinesen, den Menschen der Hui-Nationalität und den Mandschu benutzt. Die übrigen 53 Nationalitäten haben eigene Sprachen. 21 Nationalitäten haben sogar eigene Schriften.

Anhang 3: Chinesische Philosophie, Kultur und Religion

Die chinesische Philosophie wird stark von den konfuzianischen Werten geprägt. Dabei steht das **Wohl der Gemeinschaft** an erster Stelle. Die Gemeinschaft hat grundsätzlich oberste Priorität. Ein rechtschaffendes Verhalten gegenüber Mitmenschen wird höchste Bedeutung beigemessen.

Auch **moralische Anständigkeit** hat für Chinesen eine überragende Bedeutung. Mitmenschlichkeit, Loyalität und Pietät gegenüber den Ahnen sind wichtige Eigenschaften.

Ein weiter wichtiger Grundwert ist das **Harmoniestreben**. Chinesen werden grundsätzlich offene Konflikte innerhalb einer Gruppe vermeiden. Auch Rechtsstreitigkeiten innerhalb einer solchen Gruppe sind tabu.

Das **Hierarchiedenken** der Chinesen ist sehr ausgeprägt. Die Einhaltung der gesellschaftlichen Rollen spielt in China eine außergewöhnlich große Rolle. Ordnung und Hierarchien sind einzuhalten. Der Respekt vor Höherstehenden muss immer gewährt werden.

Auch das **Lernen nach guten Vorbildern und aus der Geschichte** gilt als wichtiges Prinzip. Der Mensch soll lebenslang lernen. Permanente Erziehung und Selbsterziehung zum Guten sind Grundelement der chinesischen Gesellschaft.

Neben dem Konfuzianiosmus ist der Daoismus[27] die zweite wichtige Strömung in China. Der Daoismis enstand in der Zeit vom sechsten bis vierten Jahrhundert v. Chr. Der in Deutschland bekannteste Vertreter ist Laotse. Im Daoismus gibt es zwei Strömungen: den philosophischen und den religiösen Daoismus.

Beim philosophischen Daoismus ist das zentrale Element der Weg (dao). Das Wirken des Weges bzw. des Schicksals hat die oberste Priorität. *D*er Grundsatz Handeln durch Nichthandeln (*wuwei*) ist im daoistischen Denken natürlich und gut. Die Bedeutung der Natur und des natürlichen Wesens des Menschen wird im Daoismus betont. Erstrebt werden Schlichtheit, Seelenruhe und Leidenschaftslosigkeit wie Wasser. Lernen, Sprache oder auch die Analyse von Zusammenhängen gelten als überflüssig. Der Daoismus propagiert den Rückzug aus der Gemeinschaft bzw. Gesellschaft.

Der religiöse Daoismus setzt den Schwerpunkt auf die Lebensverlängerung im Diesseits durch Meditation. Der Wunsch nach Unsterblichkeit bzw. langem Leben überlagert andere Ziele. Atem-, Bewegungs- sowie Meditationsübungen und geeignete Nahrungsmitteln (Pilze, Kräuter) spielen dabei eine besonders große Rolle. Der religiöse Daoismus legt Wert auf Wahrsagetechniken, Aberglauben und Feng Shui. Sie werden sich noch oft über den großen Aberglauben von Chinesen wundern!

---

[27] Mitunter auch Taoismus genannt.

Anhang 4: Chinesische Sprache

Viele Ausländer denken, dass die chinesische Sprache besonders schwer zu lernen ist. Dies ist ein großer Irrtum. Die gesprochene Sprache ist eine der einfachsten der Welt, denn sie kennt keine Konjugationen, Deklinationen und Tempi.

Ein Beispiel:
Gestern liebtest du mich: Zuotain (gestern) ni (du) ai (liebe) wo (mich)
Morgen wirst du mich lieben: Mingtian (morgen) ni ai wo.

Im Geschäftsleben werden Sie natürlich in der Regel immer einen Dolmetscher um sich haben. Trotzdem ist es aus verschiedenen Gründen sinnvoll, die chinesische Sprache zumindest ansatzweise zu erlernen. Sie werden nämlich feststellen, dass viele Chinesen, auch auf Führungsebene, kein gutes Englisch sprechen. Abseits der großen Städte wird nahezu kein Englisch verstanden. Auch werden Sie feststellen, dass es in geschäftlicher Hinsicht ein wirkungsvoller Türöffner ist, mindestens ein paar Brocken Chinesisch zu sprechen. Chinesen fassen dies als Zeichen des Respekts auf. Begrüßen Sie Ihren chinesischen Geschäftspartner also z.B. mit „Ni Hao“ (Guten Tag).

Anhang 5: Chinesische Namen

Bei Namen existieren in China einige grundlegende Besonderheiten und Fallstricke, das stellt man im Umgang mit Chinesen sehr schnell fest.

Wie in Deutschland auch, man denke nur an Müller und Meier, gibt es in China ebenfalls einige dominante Familiennamen. Die 10 häufigsten sind Zhao, Sun, Zhou, Li, Qian, Wu, Zheng, Wang, Liu und Zhang.

Für Verwirrung sorgt bei vielen Deutschen die umgekehrte Stellung der Namen. In China werden die Nachnahmen vorangestellt, merken Sie sich diese Regel! Herr Wang Qiang hat also den Nachnahmen Wang und den Vornamen Qiang. Sie wollen Ihre Geschäftspartner sicher nicht versehentlich beim Vornamen ansprechen.

Vornamen haben in China meistens eine Bedeutung. U.U. kann das ein gutes Thema für Smalltalk sein.

Anhang 6: Feste und Feiertage

Feiertage und Feste spielen traditionsgemäß in China eine wichtige Rolle. Europäer erleben dabei oft unangenehme Überraschungen, denn während der großen Feiertage geht in China oft mehrere Tage lang gar nichts. Prüfen Sie daher unbedingt vor einem geplanten Chinaaufenthalt das Vorhandensein von Feiertagen. Beachten Sie dabei den in China herrschenden Mondkalender.

Die wichtigsten chinesischen Feiertage werden in der folgenden Zusammenstellung aufgeführt.

***Chunjie*: Frühlingsfest bzw. chinesisches Neujahrsfest**

Dies ist das bedeutendste Fest in China, vergleichbar mit Weihnachten im Westen. Es richtet sich nach dem Mondkalender und ist daher beweglich. Es fällt in den ersten Tag des ersten Mondmonats, nach unserem Kalender also in den Zeitraum zwischen dem 21. Januar und 20. Februar.

Zur Zeit des Festes haben chinesische Arbeitnehmer i.d.R. fünf Tage frei. Die Vorbereitungen für dieses Fest nehmen oft etwa 14 Tage in Anspruch. Im Mittelpunkt der Festlichkeiten steht die Familie. Aus allen Teilen Chinas kommt man in der Familie zusammen und feiert mit einem großen Festessen. Feuerwerke werden abgebrannt und es finden Spiele und Wettkämpfe statt (z.B. Löwen- bzw. Drachentänze, Wettkämpfe im Stelzengehen).

Es ist ratsam vor und nach dem Frühlingsfest keine Reise per Bus oder Zug zu planen. Auch Geschäftstermine sollte man zu dieser Zeit besser nicht vereinbaren.

***Yuanxiaojie*: Laternenfest**

Dieses Fest findet am 15. Tag des 1. Monats nach dem Mondkalender statt. Es liegt somit zwei Wochen nach dem chinesischen Neujahr und symbolisiert damit auch das offizielle Ende des Frühlingsfests.

Traditionell gibt es zu diesem Fest runde, süß gefüllte Klöße aus Reismehl (*Yuanxiao* oder Yuanzi genannt), die den Zusammenhalt der Familie symbolisieren sollen

Qingmingjie: Fest der Toten

Es findet am 12. Tag des dritten Monats nach dem Mondkalender statt. Zu diesem Fest werden die verstorbenen Ahnen geehrt, u.a. indem man ihnen kleine Präsente in Form von Papiergeld sendet, welche am Grab verbrannt werden.

***Duanwujie*: Drachenbootfest**

Dieses Fest findet am 5. des 5. Monats nach dem Mondkalender statt Vor allem in Südchina ist es ein großes Volksfest. Es hat seinen Ursprung im Andenken an den Dichter *Qu Yuan*, der sich aus Verzweiflung und im Protest gegen eine korrupte Regierung in den Fluss *Miluo Jiang* gestürzt hat. An dieses Geschehen soll die Tradition des Drachenbootrennens erinnern. Typisches Essen zu diesem Fest sind

Zongzi, in Bambusblätter gewickelte Reisklumpen mit Fleischstückchen, Erdnüssen oder chinesischen Datteln

***Zhongqiujie*: Mondfest bzw. Mittherbst-Fest**

Das Mondfest findet am 15. August des Mondkalenders statt, dies ist der erste Vollmond im Herbst. Nach dem Sonnenkalender findet das Fest also im September/Oktober statt.

Die Reinheit und Schönheit des Mondes werden in China in zahlreichen Gedichten gefeiert. Der runde Mond symbolisiert auch die geschlossene Familie. Traditionell isst man an diesem Tag kreisrunde Mondkuchen mit einer pastenartigen Füllung aus Zucker, Nüssen, Sonnenblumenkernen, Bohnenpaste oder Schinken, Speck und Eigelb. Diese Mondkuchen sind auch ein beliebtes Geschenk, falls sie zu diesem Zeitpunkt in China eingeladen sein sollten.

Neben diesen Festen existieren weitere Gesetzliche Feiertage, die Sie bei einer Chinareise bzw. Ihrer Arbeitsplanung in Ihre Überlegungen einbeziehen sollten. Insbesondere betrifft dies den Neujahrstag (1. Januar, ein Tag frei), der internationale Frauentag (8. März, ein halber Tag frei für Frauen), der internationale Tag der Arbeit (1. Mai, drei Tage frei) und den Jahrestag der Gründung der Volksrepublik China (1. Oktober, drei Tage frei).